深远海漂浮式风电项目施工技术论证与实践

余立志　编

人民交通出版社股份有限公司

北　京

内 容 提 要

深远海漂浮式风电项目是海上风电发展的主流趋势与产业链技术挑战的焦点。本书着眼于实际项目的施工过程,依托项目进度对各个环节的关键技术实践进行论证与归纳。全书共九章,分别从深远海风电发展、深远海环境施工相关技术问题、深远海水下桩锚沉桩、大规格锚链铺设、无动力半潜式平台长距离拖航、浮式风机安装以及深远海系泊系统与半潜式平台连接等全过程的施工技术进行了阐述。

本书实践性较强、重点突出、技术先进,可供有关工程技术人员参考。

图书在版编目(CIP)数据

深远海漂浮式风电项目施工技术论证与实践 / 余立志编. — 北京 : 人民交通出版社股份有限公司, 2023.7

ISBN 978-7-114-18883-1

Ⅰ.①深… Ⅱ.①余… Ⅲ.①海洋发电—风力发电—电力工程—工程施工 Ⅳ.①TM614

中国国家版本馆 CIP 数据核字(2023)第 127887 号

书　　名: 深远海漂浮式风电项目施工技术论证与实践
著 作 者: 余立志
责任编辑: 陈　鹏
责任校对: 赵媛媛　龙　雪
责任印制: 张　凯
出版发行: 人民交通出版社股份有限公司
地　　址: (100011)北京市朝阳区安定门外外馆斜街 3 号
网　　址: http://www.ccpcl.com.cn
销售电话: (010)59757973
总 经 销: 人民交通出版社股份有限公司发行部
经　　销: 各地新华书店
印　　刷: 北京虎彩文化传播有限公司
开　　本: 787 × 1092　1/16
印　　张: 12
字　　数: 207 千
版　　次: 2023 年 7 月　第 1 版
印　　次: 2023 年 7 月　第 1 次印刷
书　　号: ISBN 978-7-114-18883-1
定　　价: 70.00 元

编写人员名单

主　编：余立志

副主编：张显雄　彭小亮　胡振伟　吴冬亮
曾江峰　夏文博

参　编：罗国兵　卢　浩　刘红志　颜　波
何海群　黎　洪　张　谦　陈亚雄
李凯翔　刘泽华　唐子昭　曾　新
黄庆武　曲春宇　付梓璇　袁春进
周　文

FOREWORD 前言

风能作为清洁能源和可再生能源,储量丰富,利用率高。目前我国风能资源储量为 3.226×10^{12} W,实际可开发电量为 2.53×10^{11} W,开发潜力巨大。风力发电的形式主要有两种,即陆上风电和海上风电,海上风电是最优质的风电资源。随着海洋资源的不断开发,对清洁能源的需求量不断加大,各类海上构筑物的设计理念、关键技术日趋成熟,因此海上风电场的建设也成为风力发电技术的最新方向。同时发展海上风电也是能源安全新战略的有力抓手,对于推动我国能源结构调整、增加能源供应、保障能源安全具有重要意义。

随着我国对海域管理的严格化和规范化,近岸海域的开发和使用受到了严格限制,深海海域的开发则成为海洋资源开发的重点。海上风电的利用一般通过海上风机实现,主要包括固定式风机和漂浮式风机。对于近海风电场,目前大多采用固定式风机的形式,即通过各种固定于海底的贯穿桩结构的传统方法,将风机固定在海床上,因此整个风机基础的成本将随着海水深度增加而急剧上升,使深海风电场建设在经济上变得不可行,而漂浮式风机具有以较低成本适应深海环境、风能利用率较高和发电效率稳定等优点,成为解决这一问题的有效途径。因此,未来风电场的建设必然具有"由陆向海、由浅到深、由固定基础向漂浮式平台"的发展趋势。

深远海漂浮式风电作为海上风电行业的一个重要组成部分,是一种具有战略意义的新能源利用形式,可有效应对全球气候变暖,充分利用我国广阔的海洋领土,缓解我国的能源分布格局与能源需求存在的巨大矛盾。近两年来,国内连续启动多个漂浮式风电示范项目,给成本控制与施工安全两方面都带来了巨大的挑战。本书以典型的深远海漂浮式风电项目施工过程为背景,主要从深远海水下桩锚沉桩、大规格锚链铺设、无动力半潜式平台长距离拖航、浮式风机安装以及深远海系泊系统与半潜式平台连接等五个方面进行了阐述与论证,力求为深远海漂浮式风电项目的成本控制与施工安全提供借鉴与参考。

全书由保利长大工程有限公司组织编写。

保利长大工程有限公司

2022 年 9 月

CONTENTS 目录

第五章 锚链铺设的技术论证与实践

第六章 拖航的技术论证与实践

第七章 浮式风机安装的技术论证与实践

第八章 系泊系统连接浮式平台的技术论证与实践

第九章 展望

CHAPTER 1 第一章

绪论

1.1 海上风电发展历程

风电是构建新型电力系统的主体能源，是支持电力系统率先脱碳，进而推动能源系统和全社会实现碳中和的主力军。风电产业大规模、高质量发展是落实"双碳"目标任务的重要战略选择。在2020年召开的北京国际风能大会上，来自全球400余家风能企业的代表共同签署并发布了《风能北京宣言》，提出在"十四五"规划中，须为风电设定与碳中和战略相适应的发展空间：保证年均新增装机5000万kW以上。2025年后，中国风电年均新增装机容量应不低于6000万kW。按照上述目标，风电年平均装机将呈现倍增局面。数据显示，2020年，我国风电新增并网装机容量高达7167万kW，创历史新高。2021年前8个月，我国风电新增并网装机容量达1463万kW，同比增加459万kW。

海上风电是最优质的风电资源。发展海上风电是贯彻落实能源安全新战略的有力抓手，对推动我国能源结构调整、增加能源供应、保障能源安全具有重要意义。我国海岸线长达1.8万km，可利用海域面积300多万km^2，海上风能资源丰富，拥有发展海上风电的天然优势。根据中国气象局资源详查结果，我国近海5～50m水深、70m高度的海上风电可装机容量约为5亿kW·h。同时，我国海上风电装机规模位列前茅。根据彭博新能源财经(BNEF)最新发布的《2021年全球海上风电报告》，2021年全球新增海上风电装机容量约13.4GW，其中四分之三来自中国(约10.8GW)。

技术创新为行业快速发展插上了腾飞的翅膀。近年来，得益于政策推动和行业共同努力，我国风电产业技术创新能力和速度正在稳步提升，不仅具备大兆瓦级风电整机自主研发能力，还形成了完整的风电装备制造产业链，制造企业的整体实力与竞争力大幅提升，达到了具有较高国际竞争力的风电机组技术研发水平。

当前，我国海上风电工程正逐渐走向深远海域。江苏大丰海上风电项目位于离岸超80km的黄海南部海域，是我国距离陆地最远的海上风电项目，所应用海缆长度达到86.6km；广东阳江青洲三海上风电项目位于离岸60km的阳西县青洲海域，场址水深42～46m，采用了目前国内海上风电重量最重、直径最大的钢管桩基础(四桩单根长度达105.5m，桩径4.2m)，如图1-1所示；广东阳江沙扒海上风电项目位于距海岸线约24km的南海阳江市阳西县海域，场址水深29～30m，采用了目前国内海上风电桩长最长的钢管桩基础(直径2.5m、桩基斜率1:6、最长达112m)，如图1-2所示。2021年，中广核汕尾甲子50万kW海上风电项目20号风机基础开始沉桩作业，这是全国首个实现海上主体工程开工的平价海上风电项目，拉开了广东省乃至全国平价海上风电项目建设的序幕。

图 1-1　广东阳江青洲三海上风电项目（钢管桩，桩径为 4.2m）

图 1-2　广东阳江沙扒海上风电项目（钢管桩，最长达 112m）

1.2 漂浮式风机发展现状

海上风资源情况较优，海上风电正呈现加速发展的态势。但由于近海空间资源有限，海上风电的发展也必然像过去的油气工业那样，不断地从浅近海走向深远海。相对于传统的海床固定式海上风电机组，漂浮式海上风电机组可以安装在具有强风的远洋深处，风能利用率得以大幅提升，其支撑结构形式也伴随着水深的变化，实现从固定式支撑结构到漂浮式支撑结构演变，如图 1-3 所示。

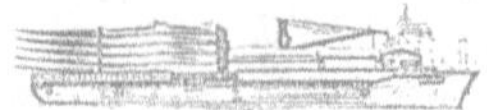

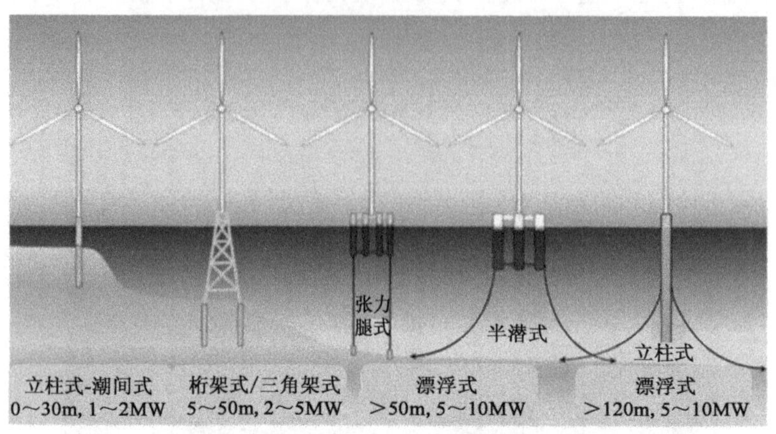

图 1-3　海上风机基础结构随水深演变情况

20 世纪 70 年代,美国马萨诸塞大学教授 Heronemus 提出海上大型漂浮式风机概念。2009 年挪威石油公司在挪威海岸附近的北海 220m 水深环境中试运行第一台漂浮式机组 Hywind。2017 年,第一个海上风电场 Hywindii 在英国诞生,实现了漂浮式风机商业化的突破。在将近 50 年的历程中,漂浮式风机早已走出了概念设计和实验室研究的阶段,出现了各式各样的漂浮式风机。漂浮式风电场示范项目和风电场近几年也不断涌现,海上漂浮式风机技术快速成熟。

在全球已建成和正在开发的漂浮式风电场项目中,欧洲占据了 3/4 以上。表 1-1 是已经投产和即将投产的欧洲漂浮式风电场项目统计。

欧洲漂浮式风电场装机统计表　　表 1-1

项目名称	装机容量/单机容量单位	基础形式	国家	投产时间(年)
Hywind Scoland	30/6	Spar(立柱式)	英国	2017
Windfloat Atlantic	25/8	Semi(半潜式)	葡萄牙	2019
Flocan 5 Canary	25/5 ~ 8	Semi-spar(半潜立柱式)	西班牙	2020
Nautilus	5/5	Semi(半潜式)	西班牙	2020
SeaTwirls2	1/1	未知	瑞典	2020
Kincardine	48/8	Semi/Semi-spar(半潜式/半潜立柱式)	英国	2020
Forthwind Project	12	Catamaran(双体船)	英国	2020
EFGL	24/6	Semi(半潜式)	法国	2021
Groix-Belle-lle	24/6	Semi(半潜式)	法国	2021
FLG Wind Farm	24/8	Tlp(张力腿式)	法国	2021
EolMed	25/6.2	Semi(半潜式)(Ideol 阻尼池)	法国	2021

续上表

项目名称	装机容量/单机容量单位	基础形式	国家	投产时间（年）
Katanes Floating Enery Part-Array	32/5～8（风能、波浪能）	未知	英国	2022
Hywind Tampen	88/8	Spar（立柱式）	挪威	2022
Rennesoy-Marine Energy Test Centre	3.6/3.6	Semi-spar-tlp（半潜-立柱-张力腿式）	挪威	2019 样机
Dounreay Tr	10/5	Semi（单基础两风机）	英国	核准

日本于 2014 年投产第一个漂浮式海上风电场（福岛 14MW）后，福岛前进项目共安装了 3 台形式不一的漂浮式风机和 1 座浮式变电站，包括 1 台 2MW、1 台 5MW 和 1 台 7MW 容量风机，总容量 14MW，是当时世界上最大的漂浮式海上试验风场。其 3 种基础形式包括 2MW 紧凑型半潜式基础、5MW 先进柱体式平台基础和 7MW V 型半潜式基础，如图 1-4 所示。近期，日本新能源和工业技术发展组织（NEDO）开发 Hibiki 漂浮式风电项目。该示范项目采用法国 Ideol 阻尼池漂浮式基础，顶部安装 1 台德国 Aerodyn 3.2MW 2 叶片风机。Ideol 公司和日本 Acacia 公司计划在 2023 年投产大型商用漂浮式海上风电项目，与此同时美国 PPI 公司也已经与日本三井造船株式会社合作开发该领域的项目。

图 1-4　福岛项目四种基础形式图

2020年时，曾预计中国大陆在2022年之前至少建成3个浮式风机项目，分别在上海、福建、汕头，实际到2022年，在广东阳江和湛江各建成1个。Eolfi公司和Cobra公司计划为我国台湾地区建设5个500MW漂浮式项目，包括计划在2022年投产的WIN海上风电场，部署Ideol damping-pool基础平台的可行性较大，但截至2022年底并未实现投产。

美国葡电新能源（EDPR）准备在加利福尼亚附近海域开发一个漂浮式海上风电项目；在夏威夷，丹麦Alpha Wind公司也计划开发2个400MW的漂浮式海上风电场，并将采用8MW风机及Windfloat半潜式基础。澳大利亚政府也有意开发“南部之星”近海风电场，但对于深远海风电场的开发尚无计划。非洲各国目前暂无开发漂浮式风机计划。

稳性校核研究进展

海洋工程结构物稳性指的是在拖航、安装和使用过程中，结构物所具有的抗倾覆和抗滑移的能力。在海上浮式风机的设计工作中，首要的目标是能够保证其浮式基础的稳性，以保障其在服役的各阶段不发生倾覆。因此，海上浮式风机设计的首要步骤是进行相应的稳性计算与校核，可依据不同阶段，划分为拖航、安装和使用过程的稳性校核。另外，根据浮体是否发生破舱（压载舱）事故，又可以分为完整稳性校核和破舱稳性校核。其中，破舱稳性校核作为事故工况中较危险的情况，设计时需要格外注意。

当前还没有成熟完善的规范指导海上漂浮式风机的稳性计算与校核工作。国内外研究者主要以海洋油气平台的相关规范，作为浮式风机稳性校核参考。根据现有规范要求，浮体摇摆角度和力矩关系如图1-5所示。当浮体受到外部倾覆力矩时，从正浮状态逐渐倾斜至第二交点或进水角处的回复力矩曲线下的面积中的较小者，至少应比至同一限定角处的倾覆力矩曲线下的面积大30%，且回复力臂在上述的范围内要保持正值和回复力矩消失角（回复力矩曲线与倾斜轴的第二个交点）大于36°。Henderson等人指出风轮的气动推力乘以塔架高度所得到的倾覆力矩，是浮式风机进行稳性校核的外力矩。Collu借鉴浮式油气平台的相关规范，建立了海上漂浮式风机平台的稳性评价标准和规范体系，研究了浮式风机平台在非运行阶段，如组装、海上拖运和安装等过程中的稳性评价标准。Musial等人却指出油气平台和浮式风机的安全等级不同，盲目参考可能会导致设计偏保守。因为油气平台上常驻运维人员，且一旦发生倾覆就极有可能引发石油泄漏和人员伤亡等严重后果，而浮式风机不需要运维人员长期驻扎，其安全等级可以适当降低，稳性校核标准也应该相应地降低。参考船舶与油气平台设计经验，提高浮式风机的稳性措施有：降低浮体重心、增加浮体干舷、增加浮体的宽度、注意浮体水线以上的开口位置和风雨密性及水密性等。

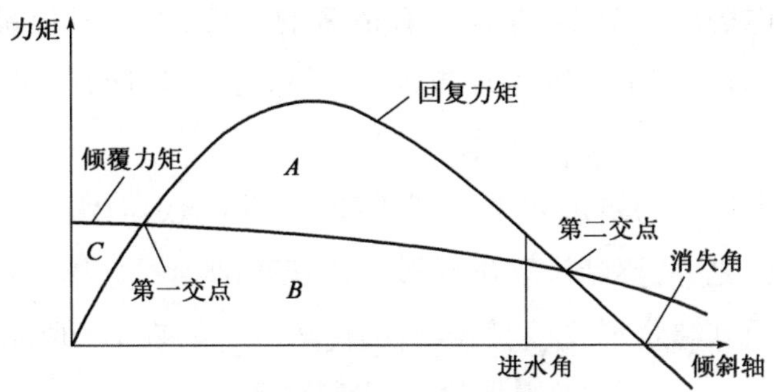

图 1-5 浮式风机稳性校核曲线

由于海上漂浮式风机具有高耸的塔筒结构,风轮受到气动推力,将会产生巨大的倾覆力矩,因此部分浮式风机采用主动压载调节系统,以调节浮式风机的平衡姿态,提高浮式风机稳性。例如,半潜型浮式风机(Windfloat)3 个柱体内的压载舱室可根据浮式平台的实时姿态进行压载水闭环调节,以提高浮式风机受风荷载时的稳性。但该主动压载调节设备费用较高,会增加系统复杂性,如图 1-6 所示。

图 1-6 浮式风机主动压载调节系统

1.3 浮式平台发展现状

1972 年,美国马萨诸塞大学安默斯特分校的 Heronemus 教授首次提出了海上漂浮式风机的技术概念,但限于当时的技术水平和高昂的建设成本,相关技术并未引起广泛关注。按现有的技术条件,当水深超过 60m 之后,漂浮式海上风机将比固定式海上风机更具有工程经济性,并随着水深增加也愈加凸显其经济优势。因此,海上漂浮式风机极

大地拓展了海上风电的应用范围,并且具有诸多的优势,例如机位部署更加灵活、可在岸上完成整体组装、海上施工安装更加方便、可完全拆解与迁移、可搭载更大功率的风电机组等。

近年来随着海上风机的单机功率大型化和海上风场走向深远海,漂浮式风机技术正成为热点研究方向之一,不断涌现出新形式。其基础形式大体可按照静稳性原理,划分为以下四种类型及其综合形式,它们各自的优势劣势如表1-2所示。

常见漂浮式基础特性表 表1-2

	立柱式	半潜式	张力腿式	驳船式
优势	无条件稳性,运动性能好,电缆适应性好	稳定性好,运动性能好,电缆适应性好	运动性能好,电缆适应性好	稳定性好,安装方便
劣势	安装不方便	设计具有挑战,建造复杂	设计难度大,安装不方便	运动性能差,复杂系泊系统设计
典型固有周期	>20s	>20s	2~5s	5~20s

立柱式:该类型平台的重心设计远低于浮心。当平台发生倾斜时,重心和浮心之间形成回复力偶力矩可抵抗平台的倾斜运动。另外较小的水线面设计,可减小平台垂荡运动,但较大的平台吃水设计导致该类型平台对工作水深有特定要求,通常大于100m。

半潜式:该类型平台在风机倾斜时,可通过分布式的浮筒结构产生较大的水线面变化,进而产生抵抗平台倾斜运动的回复力矩。适用水深通常大于40m,平台的各方向运动适中,但对低频波浪二阶力较为敏感。其适用水深范围较广,可用湿拖法运输,部署灵活,技术较为成熟。

张力腿式:该类型平台通过向下的系泊张力平衡浮体向上的超额浮力,形成类似"上下绷紧"的结构,因此具有较好的平台垂向运动性能。但是其安装过程较为复杂,且张力腿结构造价较高,目前国内缺乏相关的制造和施工安装经验。适用水深通常大于40m,对高频波浪二阶力敏感。

驳船式:该类型平台类似于船型,利用平台浮力抵消重力,适用水深通常大于30m,垂向运动固有频率在一阶波浪频率范围内,因此波频响应较为敏感,设计时需要进行平台运动频率优化。

目前,全球已有的漂浮式基础见表1-3、图1-7。

已有漂浮式基础类型统计表 表1-3

基础平台名称	类型	开发公司
Hywind 立柱式基础	立柱式	Technip
Naval Energies 漂浮式基础	半潜式	Naval Energies
Windfloat 漂浮式基础	半潜式	PPI

续上表

基础平台名称	类型	开发公司
Ideol 阻尼池漂浮式基础	半潜式	Ideol
SBM 漂浮式基础	张力腿式	SBM
Cobra 半潜立柱式基础	半潜式	Cobra
SATH 基础	驳船式	Saitec
P80 基础	混合式	未知
SOT Tetraspar 基础	混合式	SOT
Hexicon 双风机半潜式基础	半潜式	Hexicon
Nautilus 基础	半潜式	Nautilus

a)Hywind 立柱式基础(一)

b)Hywind 立柱式基础(二)

c)Ideol阻尼池漂浮式基础

d)Windf loat漂浮式基础

e)Hexicon双风机半潜式基础

f)Naval Energies漂浮式基础

g)SBM漂浮式基础

h)Nautilus基础

i)Cobra半潜立柱式基础

j)SATH基础

k)SOT Tetrospar基础

l)P80基础

图 1-7　已有漂浮式基础示意图

近年来,国内外结合这几种浮式平台的特点,提出了多种不同形式的新型浮式平台。Lai 等设计了一种深吃水、优化阻尼结构的新型半潜式平台,通过数值方法研究其水动力性能。刘利琴等提出了一种新型半潜-立柱混合浮式平台的概念,并基于势流理论与 Morison 方程对该平台的运动性能进行了分析,结果表明混合基础运动幅值较小,具有较好的运动性能。黄致谦等设计了一种小尺寸、能减少或防止相互间干扰的新型张力腿平台与新结构半潜式平台,结合势流理论与有限元方法,对其在不同海况与不同系泊系统的动态响应进行了研究。张洪建等在 DeepCwind 半潜式平台的基础上,提出了一种新型海上浮式风机平台模型,并基于势流理论进行水动力分析,验证了其可靠性。张立军等针对垂直轴风力机,设计了一种安装垂荡架的半潜式平台,研究了浮筒数目,垂荡架安装位置及形状对平台运动响应的影响。闫渤文等结合立柱式平台与半潜式平台的浮态稳性特点,提出了一种具有双重抗摇摆机制的浮式风机平台,基于势流理论与 Morison 方程,分析了不同波浪入射角及波浪周期的水动力性能。丁红岩等综合半潜式、立柱式与张力腿式浮式平台的特点,提出了一种新型全潜式浮式风机基础,并采用了 FAST 软件,对不同风况下全潜式浮式风机的动力特性进行分析。

1.4 系泊系统发展现状

漂浮式风机作为海上浮式结构物,需要通过系泊系统进行位置和运动的约束。其力学作用机理主要通过系泊材料的变形或悬空重量的改变提供约束张力。系泊系统通常包含绞车、导缆设备、系泊线、锚、重力和浮力配件等。

常见的系泊形式如图 1-8 所示。对于立柱式、半潜式和驳船式海上漂浮式风机,常采用的是图 1-8a)所示的悬链线式系泊,系泊线通常为钢链结构。钢链由许多链环连接而成,链环分为有档链环和无档链环两种。钢链因其制造成本低、工序简单、强度高等优点,成为运用最广泛的系泊材料。系泊线的预张力主要取决于锚链的悬空段,锚链的回复力主要通过锚链悬空段的变化来实现。但这种系泊方式由于锚链存在较长的海床平躺段,因此所占据的海床空间较大,重量随着水深增加而急剧增大。为了克服上述问题,有时可采用图 1-8b)所示的伞形张紧式系泊,该系泊线采用钢缆或者其他复合材料。

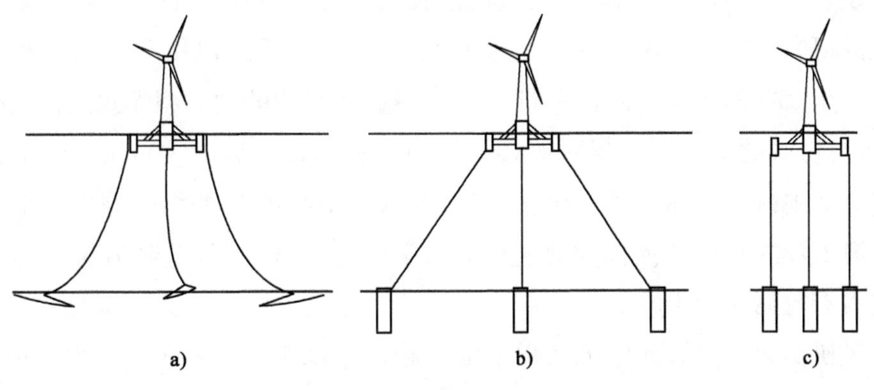

图 1-8 常见系泊形式

浮体的系泊线需要通过锚固装置与海床进行连接。根据锚固装置的形式和力学特性,可大致将其划分为如图 1-9 所示的四类。

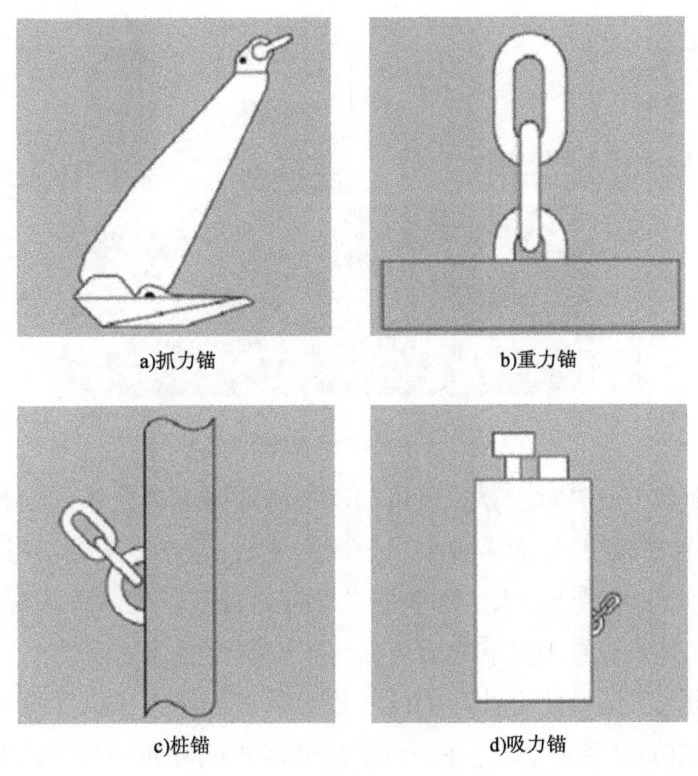

图 1-9 锚固装置常见形式

为了改善系泊线的动力性能,有时需要增设块重和浮力器件进行调节。块重的形式有集中式和分布式。通常,安装集中式块重的锚泊静态响应较佳,而安装分布式的块重的锚泊动力响应较佳。锚泊线上的浮力器件有浮筒、浮球和浮箱等。在悬链线锚泊上设置浮力器件,可以有效地降低锚泊线的动张力,但通常会降低锚泊的水平刚度。在

张力腿上设置浮力器件可抵消锚泊自重,使其成为完全的张力部件。对于漂浮式风机系泊系统的研究,Philippe 等人发现在风浪不共线时,漂浮式风机平台的某些运动会对系泊疲劳产生潜在的影响。Karimirad 等人对悬链线系泊的立柱型浮式风机进行动力学分析,发现悬链线的惯性和阻尼对锚链的张力会有明显的影响。Yilmaz 的研究表明系泊阻尼能有效地减少浮体的动力响应,甚至可以减小约 40% 的纵荡响应。宋宪仓等人对半潜型海上浮式平台的耦合运动进行动力学分析,发现二阶差频力对结构物的运动及系泊张力有着明显的影响。

海上风机需要通过海底电缆送出电能。相比于固定式风机而言,浮式风机由于支撑平台具有一定运动范围,因此电缆近端需要采用动态海缆技术,并且需要利用浮力单元将海缆悬挂,呈现“S”形态,从而使得海缆在一定的摆动范围内可随平台运动,起到缓冲的作用,如图 1-10 所示。

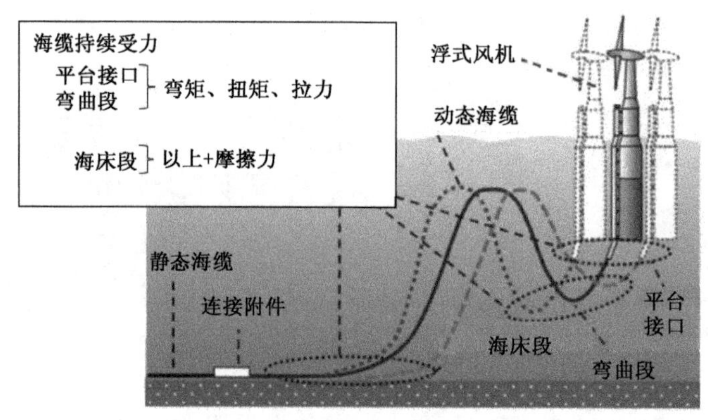

图 1-10　浮式风机动态海缆连接形式

目前,学术界和工业界对于浮式风机的动态海缆研究缺乏系统性和深入性。在浮式风机一体化计算过程中,绝大多数采用分离的做法,即浮体运动不考虑海缆的存在,忽略海缆与浮体之间的耦合约束。海缆的设计存在极限长度和极限弯曲角度限制,这对浮体的运动,尤其是极端工况下的运动提出了限制性需求。以日本“福岛前进”项目为例,日本古河电气工业株式会社和维世佳公司负责该浮式风机样机项目的电力传输系统子任务。如图 1-11 所示,设计在一台半潜型浮式风机和一台立柱型浮式升压站之间采用 22kV 的动态电缆进行连接,在升压站与陆上换流站之间采用 66kV 的动态电缆。研究发现该动态电缆在设计的过程中,需要首先根据特定波浪和浮体运动情况,依次开展静态响应分析、动态响应分析、疲劳分析,以优化动态电缆的设计参数和形态。

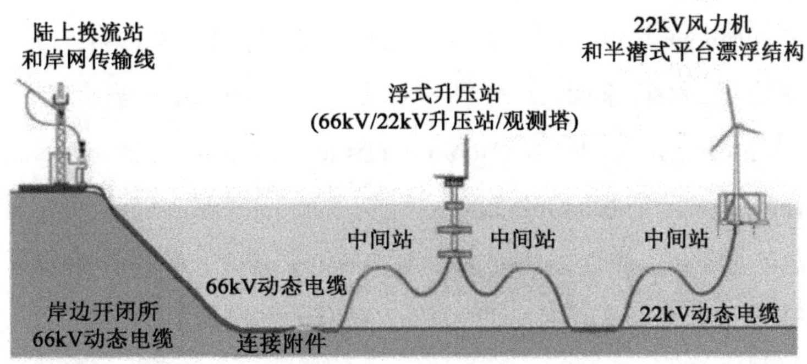

图 1-11　日本“福岛前进”项目的电力传输系统

● 本章参考文献

[1] 王丽敏. 海上风电运维管理研究现状及发展趋势[J]. 中国战略新兴产业,2020(16):201.

[2] 全球能源互联网发展合作组织. 彭博发布《2021 年全球海上风电报告》[EB/OL]. https://www.geidco.org.cn/2022/0117/4130.shtml.

[3] 陈明亮,杨朋飞,常璐,等. 海上漂浮式风机发展调研及分析[J]. 水电与新能源,2020,34(1):38-43.

[4] 陈嘉豪,裴爱国,马兆荣,等. 海上漂浮式风机关键技术研究进展[J]. 南方能源建设,2020,7(1):8-20.

[5] Cruz J, Mairead A. Floating offshore wind energy: the next generation of wind energy [M]. Berlin: Springer, 2016.

[6] Heronemus W E. Pollution-free energy from offshore winds [C]// Marine Technology Society. 8th Annual Conference and Exposition, Washington D. C., United States, Sep. 11-13, 1972. Washington D. C.: Marine Technology Society, 1972.

[7] Henderson A R, Witcher D. Floating offshore wind energy—a review of the current status and an assessment of the prospects [J]. Wind Engineering, 2010, 34(1):1-16.

[8] Musial W D, Butterfield C P, Boone A. Feasibility of floating platform systems for wind turbines [C]//ASME. 23rd ASME Wind Energy Symposium Proceedings, Reno, Nevada, Jan., 2004. New York: ASME, 2004. NREL/CP-500-34874.

[9] Wayman E N,Sclavounos P D,Butterfield S,et al. Coupled dynamic modeling of floating wind turbine systems:Preprint [J]. Wear,2006(302):1583-1591.

[10] 盛振邦,刘应中.船舶原理(上册)[M].上海:上海交通大学出版社,2003.

[11] Rules for building and classing mobile offshore drilling units [S]. Houston,Texas, USA:ABO Shipping Publishing,2008.

[12] International Maritime Organization. International Code on Intact Stability: IMO IB874E-2009 [S]. London,UK:IMO Publishing,2008.

[13] Collu M,Maggi A,Gualeni P,et al. Stability Requirements for Floating Offshore Wind Turbine(FOWT) during Assembly and Temporary Phases:Overview and Application [J]. Ocean Engineering,2014(84):164-175.

[14] Lai Binbin, Zhao Chengbi, Chen Xiaoming, et al. A novel structural form of semi-submersible platform for a floating offshore wind turbine with hydrodynamic performance analysis[J]. Applied Mechanics and Materials,2014,477-478:109-113.

[15] 刘利琴,韩袁昭,肖昌水,等.新型浮式基础的海上风机系统动力响应研究[J].海洋工程,2018,36(1):19-26.

[16] 黄致谦,丁勤卫,李春.新型张力腿平台漂浮式风力机动态响应研究[J].热能动力工程,2019,34(9):156-163.

[17] 黄致谦,丁勤卫,李春,等.新型漂浮式风力机半潜平台抑制摇荡运动设计研究[J].中国电机工程学报,2018,38(24):7295-7303.

[18] 张洪建,蔡新,许波峰.浮式风机半潜式平台动力响应研究[J].可再生能源,2021,39(9):1210-1216.

[19] 张立军,于洪栋,缪俊杰,等.新型漂浮式垂直轴风力发电机平台的动态响应分析[J].船海工程,2020,49(3):125-131.

[20] 闫渤文,张浩,周扬,等.具有双重抗摇摆机制的浮式风机基础水动力性能研究[J].建筑钢结构进展,2021,23(3):97-104.

[21] 丁红岩,韩彦青,张浦阳,等.全潜式浮式风机基础在不同风况下的动力特性研究[J].振动与冲击,2017,36(6):201-206,228.

CHAPTER 2 第二章

深远海环境施工的相关技术问题

2.1 深远海波浪荷载对作业船舶的影响

2.1.1 深远海波浪特征

海洋中具有周期从不到1s到大于1天的各种不同频率的波，但其大部分能量集中在4～12s的范围，属于重力波。最常见的重力波是风浪和涌浪（人们习惯上将风浪、涌浪以及由它们形成的近岸浪统称为海浪）。其次，能量比较集中的波周期为12h和24h的半日潮和日潮，被称为潮波。对航海有影响的波还有海啸、风暴潮和内波等。按波长相对于水深的大小，可以将海洋上的波浪分为深水波和浅水波两种类型。

在海洋上波浪沿表面向前传播，而海水则是原地踏步，所以必须把波浪的传播（波浪运动）和水本身的运动（水质点的运动）区别开。在理论上可以证明；深水波中海面上水质点的轨迹，是以波高为直径的圆。在海面以下其直径以指数形式迅速缩小。当水质点运动到最高位置（即波峰到达）时，其运动方向与波向一致；当水质点运动到最低位置（即波谷到达）时，其运动方向与波向相反。当波面上每个水质点在自己的平衡位置附近完成一次圆周运动时，整个波形就向前传播了一个波长的距离。相邻水质点落后的相角越小，则波长越长，反之则波长越短。浅水波中水质点运动的轨迹为椭圆，其长轴和短轴都随着与海面距离的增加而减小，但长轴减小慢，短轴减小快，在海底短轴为零。

实际海洋中的波浪十分复杂，其中有很多不能直接用简单的正弦波加以说明。但如将若干正弦波叠加起来，则可以解释很多波动现象。

观测表明，海洋中的波浪常以“群”的形式出现。在一群波中，由小到大，再由大到小排列有序，称为一个波群。群速通常慢于其中个别波的波速。如果我们追踪一个个别波时就会发现，当它刚进入一个波群时，它的波高较小，在以后向前传播的过程中逐渐增大，至波群中央时变得最大，然后又逐渐减小，最后离开这个波群继续前进。可以证明，深水波的群速为波速的一半，而浅水波的群速与波速相等。

2.1.2 波浪对起重船的影响

大吨位深水起重船作为一种拥有超强起重能力和超高作业效率的海上作业系统，在深海平台建造及海难事故打捞中得到了广泛的应用。大吨位深水起重船相对于起重能力较弱的普通起重船，具有大甲板面积、大起重量、重心高、稳性要求高等特点。由于吊装作业已经向深海迈进，迫使大吨位深水起重船不得不承受更为恶劣的海况条件，因此对大吨位深水起重船在作业状态下进行动态性能分析，研究起重船在起吊状态下船体与吊块之间动态性能的相互影响，对大吨位深水起重船的生产建造和实际吊装作业过程都有较大的参考价值，对世界海洋能源的开发也有相应贡献。国际上对起重船的定义为：专门用于起吊重型货物的船舶或浮式结构，其中，较大的起重船用于海洋平台的安装建造任务，如图 2-1 所示，其结构主要包括以下几种：

图 2-1　大型起重船示意图

船体主体(浮体)：主要用于提供浮力，保证船舶正常行进和起吊作业时的稳性，浮体底部安装有动力定位装置(或锚泊定位系统)，能够保证吊装作业的精确性。

主甲板：用于提供足够的甲板面积，以便安装起重机、直升机起降平台。若起重船兼具铺管功能，还要为铺管设备提供相应的空间。

起吊系统：为包含 A 形架、吊臂、吊缆、吊头和旋转台在内的往复、间歇性运动系统，其工作周期包括：取物设备从取物地将货物拿起，而后水平转移到指定方位降下货物，接着进行反向运动，使取物设备返回原位，以便进行下一次任务。此外，还可以再对起吊系统细分为以下三部分：由吊头、吊缆和吊物组成的吊物系统；由 A 形架和吊臂组成的臂架系统；由转台和基座组成的刚性基座系统。

定位系统：包括锚泊定位和动力定位两种方式，目的是使船体在吊装作业过程中在一定的限制范围内运动，为吊装作业提供位置保证。

由于起重船装载的特殊性要求，需要在极短的时间内起吊数千吨重物，排水量急剧增加；由于吊物的重心在吊钩以上的上滑轮轴心，该点距水面达数十米甚至上百米，使全船的重心瞬间提高，对船舶稳性极其不利；吊物的重量与吊幅的乘积产生巨大的倾覆力矩，会对起重船的浮态产生很大影响，静横倾角可能达到 7° ~ 8°甚至更大。因此，针对施工海域的波浪参数对起重船动力响应和运动响应进行分析，对保证起重船海上作业安全具有重要意义。起重船舶在外海作业时受长周期涌浪的影响，吊物会发生大幅度晃动，严重时会影响施工效率和海上施工安全。为解决该问题，需对起重船-吊物系统在波浪中作业时的耦合运动响应规律进行研究。

波浪会引起船舶六自由度的摇荡运动，因为波浪本身具有周期性，船舶的摇荡运动在稳定状态下，与入射波浪具有相同的周期和频率。根据船舶在波浪中运动的物理意义，可将速度势函数 $\psi(x,y,z)$ 分解为公式(2-1)：

$$\psi(x,y,z) = \psi_1 + \psi_d + \sum_{j=1}^{6}\xi_j\psi_j \tag{2-1}$$

式中，ψ_1 为入射波速度势，引起的波浪力为弗劳德-克雷洛夫力 F_{kw}；ψ_d 为绕射波速度势，由其引起的波浪力为绕射力 F_{dw}；$\psi_j(j=1,2,\cdots,6)$ 为辐射势，表示第 j 个模态下单位幅值摇荡运动的速度势；ξ_j 为第 j 个模态下由入射波引起的船体摇荡的幅值，ξ_1、ξ_2 和 ξ_3 分别为纵荡、横荡和垂荡平动位移，ξ_4、ξ_5 和 ξ_6 分别为横摇、纵摇和艏摇转动位移。

船体在 i 方向由于第 j 方向的辐射运动，所受到的合外力为辐射力，即公式(2-2)：

$$F_{ij} = -\ddot{\xi}_j\mu_{ij} - \dot{\xi}_j\lambda_{ij} \tag{2-2}$$

式中，μ_{ij}为附加质量；λ_{ij}为阻尼系数；且上述相关物理量的计算与船舶的摇荡频率密切相关。船舶的静回复力 F_{si}作用使得浮体保持在平衡位置附近，静力项 $F_{si} = C_{ij}\xi_{ij}$，其中，C_{ij}为静回复矩阵，是一个仅与船舶外形有关的矩阵。综合上述波浪入射合力、辐射合力、绕射合力和静回复力合力，可列出船舶在波浪中稳态运动的平衡方程，求出船舶在各个方向上的运动幅值，见公式(2-3)。

$$(m_{ij}+\mu_{ij})\ddot{\xi}_j + \lambda_{ij}\dot{\xi}_j + C_{ij}\xi_{ij} = F_{kw} + F_{dw} \tag{2-3}$$

根据上述船舶在波浪中运动的理论，可得到船舶重心处的运动幅值，吊臂顶端点运动的位移幅值和加速度幅值。

陈进等采用水动力势流软件 AQWA 建立了起重船-吊臂-缆索-吊物的耦合运动模型，研究了不同规则波参数条件下耦合系统的运动响应特性，得出以下结论：①在文中采取的吃水和质量布置，以及 2 种绳长的配置情况下，吊物的运动响应随着波浪周期的增加而增加；②相比于短绳长工况，在绳长较长的工况下，当波浪周期接近吊物固有频率时，吊物的纵摇幅值显著增大，呈现剧烈的晃动状态；③当吊物处于不同高度运动时，其对船舶的运动响应影响较小。吊绳越长，其承受的张力越大，而波浪周期对缆绳张力的变化影响较小。吊物的运动响应涉及波浪激励下的船体运动与船体运动诱导吊绳-吊物系统运动的耦合，影响吊物运动幅度的主要因素，是船体在波浪作用下的幅频响应算子和吊物的运动频率。船体在波浪作用下的运动响应受到船体重心高度、吃水、质量布置、波浪周期和浪向等参数的影响；吊物-吊绳单摆系统的自振频率，主要取决于绳长和吊臂仰角等。因此，在进行吊装作业时，为确保作业安全，避免吊物在波浪作用下发生大幅度共振，可采取调整压载水、改变迎浪方向、调整吊臂仰角和改变绳长等方式。

孙雷等曾基于水动力学势流理论，对起重船-吊物系统进行了水动力建模，分析了起重船-吊物耦合系统在不规则波中的运动响应。对比了波高、波周期和遭遇角等波浪参数对起重船-吊物系统的耦合运动响应的影响。他们发现在周期为 6s 以内的常见波中，随着波高的增加，起重船和吊物的运动与波高呈线性关系，但对吊物的纵摇影响不太显著。在周期为6～16s的范围内，随着波浪周期的增加，起重船和吊物的运动幅值均有不同程度的增加，但吊物的纵摇运动除外；起重船横摇和纵摇固有周期分别为8.98s和9.67s，在周期10s的波浪中，起重船横摇和纵摇响应最为剧烈。在波浪遭遇角0°～90°的范围内，遭遇角对吊物的纵摇运动不大，起重船和吊物其他自由度的运动随着遭遇角的增加而变得更加剧烈。

孙为本等应用ANSYS大型有限元分析软件，建立起重船及其吊物系统的刚柔耦合动力学模型，并根据不同的外部参数条件，确定了不同参数对起重船动态性能的影响规律：垂荡位移随波浪入射角度的增加而增大，纵荡位移和纵荡速度呈"凹"形分布，纵摇运动的分布趋势与纵荡运动基本相同；面内角呈周期性变化，而面外角呈现出的是杂乱无章的随机变化，相对于面内角来说，吊缆的面外角更难控制；船体的垂荡和纵摇为高频运动，而纵荡运动为低频运动，并且各个船体的各个自由度运动响应幅值均随波幅的增加而增大；船体各个自由度的运动幅值及吊缆的内转角在吊缆长度为40m时达到最大值，该吊缆长度下的整个刚柔耦合起重系统的固有频率，恰好在外界输入载荷的固有频率附近；起重船的纵荡和纵摇随吊物重量的增加而增大，而垂荡运动随吊物重量的增加而减小，与此同时，内外摆角的变化幅值随吊物重量的增加而增大。

2.1.3 波浪对运输船的影响

针对漂浮式风电机组的整体拖航，一般有干拖和湿拖两种方式。湿拖相对速度较慢，如果安装海域距离建造场地较近时，可考虑湿拖。干拖航行速度较快，但需要考虑因素较多，如运输船的选择，运输货物的海上环境承受力以及结构强度和结构疲劳等。针对较远距离的运输，一般采用干拖方式（图2-2），如在外海建造风力机组时，需选择干拖方式。在进行浮式风机干拖运输时，首先要选择运输船舶，根据以往项目案例，大件干拖运输多采用半潜船作为运输船，且半潜船往往自带动力。半潜船需具有承载大型结构物以及自潜装卸的能力，并可以自主控制航行方向，因此干拖运输一般采用半潜船作为运输船舶。运输船既要保证风机及基础结构能整体起运及安装的要求，又要保证在运输及安装过程中有足够的稳性及系固强度。船舶应具备包括动力定位功能和快速压载调控能力等在内的主要功能。

刘扬等人曾针对某一工程实例，对浮式风机的干拖运输进行了完整和破舱稳性校核，结果显示该运输船有足够的稳性对浮式风机实施干拖运输。同时针对拖航路径的不同海况对其进行了运动分析，结果可以用于运输绑扎固定的设计，从而保证干拖运输的安全性。

图 2-2　干拖运输示意图

半潜运输船的工作形式主要为运输和安装卸载。在实际工作过程中需要以下定位能力:在码头、海港或深海区域进行安装或卸载作业时,通过精确动力定位使所载货物安全进入或脱离甲板;进行运输作业时,在通过狭窄水域或海峡时,需要通过动力定位进行精确平移或上浮/下潜来保证货物和船舶安全通过。为了确保货物的安全准确安装和卸载,半潜运输船在工作状态下需要具有精确保持在确定位置和艏向的能力。也就是说,在动力定位系统的设计中,需要以计算外部环境载荷为主要依据,同时半潜运输船所能抵抗的环境载荷大小,也是衡量其定位能力的主要性能指标之一。所以,计算半潜运输船在不同工况下受到的环境载荷至关重要。

半潜运输船所承受的总环境载荷中,由波浪载荷引起的目标船在三个自由度方向的运动不容忽视。尤其当半潜运输船在深海的不规则波中作业时,可能会产生与波浪频率一致的情况,并会引起各个自由度方向上的剧烈晃荡。除此之外,高阶(二阶)波浪力给半潜运输船带来的慢漂运动则更为严重。它的运动频率远远小于不规则波浪的特征频率,并且会使船舶运动的平均位置改变,从而产生物体缓慢的漂移运动。这对于应用动力定位系统的半潜运输船会产生巨大影响,导致其远离既定位置从而使定位失效。二阶波浪慢漂力是二阶波浪力的一部分。二阶波浪力主要包括三项:二阶波浪定常力(二阶平均漂移力)、二阶波浪低频力(二阶波浪慢漂力)和二阶波浪高频力。其中,二阶波浪定常力是二阶波浪力的定值常数部分,它会造成半潜运输船在海中位置发生稳定的偏离。目前求解二阶平均漂移力的方法主要有三种,包括基于物体表面积分的近场积分理论、基于动量和能量守恒定律的远场理论以及法国船级社陈晓波博士近几年研发出来的中场积分法。王琛等人曾对半潜运输船的环境载荷进行分析并计算,重点讨论了二阶波浪慢漂力的计算,引入了近场理论与经验公式相结合的计算方法,建立了半潜运输船的动力定位系统的数学模型,并编译动力定位动态分析程序,从而对半潜运输船的定位能力进行时域模拟,以验证该半潜运输船的动力定位系统在时域内的安全性和可靠性,对半潜运输船的动力定位性能研究提供了一定参考依据。

丁红岩等人曾对风机浮运过程进行耐波性分析,指出波浪方向以及波高是风机运输船浮运过程中的重要外部条件;风机运输船随浪浮运较逆浪浮运更为平稳,船体耐波性更好,在风浪较大的情况下,尽量不要逆浪航行,以保证浮运的安全;随着波高的增大,风机运输船浮运的稳定性变差;通过对钢吊缆张力及舱内气压值的观测,评估风机运输船在波浪作用下的稳定性,从而可及时采取相应措施,保证浮运的稳定。

2.1.4 波浪对起重船-运输船联合作业的影响

在海上作业的起重船与运输船属于多浮体系统。随着各国对海洋领域的探索,多浮体系统引起了船舶与海洋工程领域的广泛关注。多浮体系统的耦合振动问题主要是由水动力干扰效应引起的,系统整体的运动是大范围的非线性运输,因此具有很强的非线性特征。

早期关于多浮体水动力的研究,主要是基于20世纪60年代发展起来的二维切片理论得到了一些有价值的结论。如:大小浮体在迎浪与背浪情况下,由于波浪遮蔽效应导致的水动力响应明显不同;切片理论可以有效预报2个平行细长体在斜浪中的水动力干扰问题;两船在波浪中的耦合振动与单船运动的水动力响应差别较大,单船的横摇幅值明显偏大。20世纪80年代初,二维切片理论开始朝三维势流理论发展,面元法与波浪交互理论最具代表性,如:Van Oortmerssen采用面元法计算出一个物体不动、一个物体自由运动的状态下圆柱与方盒的相互干扰水动力系数;Loken分析了波浪中多个邻近船体的运动,发现面元法不宜计算共振周期附近的多船波浪慢漂力;Kagemoto等人发现波浪交互理论适合计算无交叉垂直投影阵列的多浮体数情况。到21世纪初,边界元法开始应用于多浮体水动力特性分析,如:Hong使用高阶边界元法计算出多浮体在频域下的水动力参数,发现高阶边界元法可以较好地分析多浮体的运动响应和慢漂力;Lu使用有限元理论求解二维N-S方程对由三浮体组成的旁靠系统进行了研究,发现有限元理论的结果优于高阶边界元法,并且可以计算得出浮体水动力的水平分量。近年来,基于势流理论发展出的半解析法,在多浮体系统的耦合作用之间也得到了较多的应用,如:Zhang采用匹配特征函数展开法,研究了在双层流体中做强迫垂荡运动的流体共振现象;Molin采用类似的方法,研究了带有台阶的月池内流体的固有频率和响应模态;McIver采用该方法对半浸没水平圆柱与直墙前间的共振现象进行了理论分析,研究结果均表明:基于特征值函数展开的半解析法,不适用于复杂形状边界的多浮体系统。由于多浮体系统的耦合振动本质上是一个三维问题,且流体的黏性本质以及波浪本身的

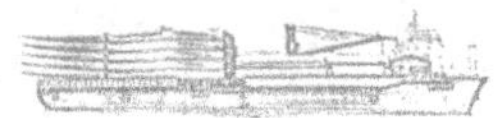

非线性特征进一步加剧了对多浮体系统进行理论分析的难度。为了克服这一局面，多浮体系统的数值模拟方法应运而生。

在频域水动力数值模拟方面，谢楠等根据三维线性理论计算了两个浮体在波浪中的水动力参数，结果表明两个相距较近的浮体漂浮在波浪中，遮蔽效应及波浪反射对波浪力的影响比较明显，辐射波作用对于模拟波浪力频率是一个不可忽视的因素。滕斌等采用比例边界元法分析了浮箱直接相互作用水动力参数，发现该方法在保持较高精度的前提下能提高计算效率。Chen、朱仁传、Sun、Zhao 等基于三维频域势流理论，分析了小间隙对多浮体系统的水动力性能的影响，结果表明波浪力与浮体间相互作用的水动力系数，在某些频率上都存在着强烈的共振现象，但基于频域的水动力模拟无法准确预报多浮体的耦合共振现象。在时域水动力数值模拟方面，Yan 等用有限元法建立完全非线性数值模型，研究了二维窄缝内流体共振频率与窄缝宽度的依赖关系；FitZgerald 通过在二维时域势流模型中引入阻尼，模拟了双浮体间波面的振荡响应过程；Hong 通过时域分析了一艘 FPSO（浮式生产储油船）与 LNG（液化天然气）组成的旁靠系统在不规则波浪下运动响应，结果表明波频运动响应的模拟结果较好，但低频运动的模拟还需要改进；Feng 通过建立时域完全非线性模型，分析了三维旁靠双船间窄缝内流体波面大幅振荡现象，发现自由表面边界条件的非线性对窄缝共振波高结果的影响，在入射波波陡超过某一特定值时十分明显；Jin 等采用时域势流模型分析了 LNG 船旁靠 FLNG（浮式液化天然气生产储卸装置）时的运动响应对窄缝内流体共振的影响。综上可知：多浮体时域水动力数值模拟研究结果表明，时域模拟虽然比起频域模拟，具有可以考虑流体非线性效应的优势，但时域模拟的效率低，对小间隙内流体的强非线性运动难以开展直接模拟，且对于间隙内流体运动发生共振时的波面升高以及流体黏性力在水体共振时发挥的作用等方面，依然存在诸多未解决的难题。因此，对于长周期波作用下的多浮体耦合振动现象，只能依靠试验手段进行研究。

在二维物理模型试验方面，Saitoh 等对波浪引起的 2 个固定箱体间窄缝内流体的振荡响应问题开展了二维物理模型实验研究，分析了窄缝流体共振特性与箱体模型几何参数间的依赖关系。实验结果表明，在规则波作用下 2 个并靠箱体间窄缝内的共振波幅可达入射波波幅的 5 倍以上；Iwata 等通过类似的实验研究了波浪作用下 3 个固定箱体形成的双窄缝内的流体共振问题，分析双窄缝情况下结构几何参数对共振频率的影响；Wang 等通过实验研究了浅水情况下窄缝内流体发生共振时箱体所受的波浪荷载；Kristiansen 通过波浪作用下的系泊漂浮箱体与直墙的二维物理模型实验，研究了箱体与直墙间的流体共振过程中结构尖角处流动分离对阻尼效应的影响；刘春阳通过二维实验分析了双浮体的宽度比和吃水深度比对共振频率和共振幅值的影响;Ning 等通过二维实验研究了宽度不同/吃水深度不同的固定双箱体间窄缝内的波浪共振问题。在三维物理模型试验方面,Buhner、Boer 等在实验室水池内开展了三维模型实验,对旁靠双船、船体与重力式码头之间形成的狭缝内的流体共振特性、船模运动响应以及漂移力进行了研究;吕海宁、Pessoa 等通过三维模型实验研究了系泊多浮体的运动响应;赵文华等通过三维水池实验研究了 LNG 运输船与 FLNG 进行旁靠卸载作业过程中,系泊系统和连接设施的受力情况以及船模之间的相对运动和波浪荷载;Xu、Chua 等通过实验分析了船模的运动对旁靠双船间窄缝内流体共振的影响;Zhao 等在试验室里研究了双船间狭缝内流体振荡响应中的一阶和高阶谐波分量;谭雷通过三维试验研究了浮式结构间隙内的大幅波浪共振问题。

2.2 深远海风荷载对作业船舶的影响

2.2.1 深远海域风特征

我国东临世界最大的海洋——太平洋,海岸线漫长,南北跨越 40 余个纬度,沿岸从北到南有渤海、黄海、东海和南海。近海海上风场具有十分明显的季节变化特征和空间分布特征,主要表现为:我国近海海域海上风速与同纬度的其他海域相比更强;冬季的东北风比夏季的西南风更强;近海海面出现的台风、强冷空气活动等现象比较频繁。主要有黄海、渤海的偏北大风和西南大风,东海的偏北大风和偏东大风,台湾海峡的东北大风,南海北部的偏北大风和西南大风,南海中部和南部的西南大风等。渤海由于频繁受到温带气旋和寒潮的影响,加上其半封闭特性,海面大风经常会引起灾害性海浪甚至风暴潮。对海上船只活动和海上工程具有较大威胁。

1. 渤海风特征

渤海地处亚洲大陆和太平洋之间,为我国的内陆海,受陆地和水文影响较大,加上海深较浅,因而具有明显的季风气候特征。风向季节变化明显,冬季多盛行偏北风,夏季盛行东南风,海上风速一般比沿岸陆地更高,并且离岸越远,风速越高。冬半年(9 月 ~ 次年 3 月)渤海海峡以西北风和北风为主,东北风次之。夏半年(4 ~ 7 月),盛行南和东南风。渤海海峡的月平均风速在 5.7 ~ 8.5 m/s 之间,冬季(12 月 ~ 次年 1 月)高,夏季

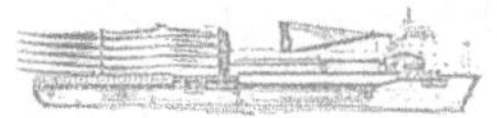

(6～8月)低,春秋次之。6级以上的大风频率冬半年均在15%以上,其中11月～次年1月大风频率达到20%以上,夏半年大风频率均在10%以下。冬半年主要盛行N～NW风,夏半年主要盛行S～SE风。

2. 黄海风特征

黄海位于我国与朝鲜半岛之间,是西太平洋典型的一个半封闭边缘海。受季风影响,黄海冬季寒冷而干燥,夏季温暖潮湿。10月至翌年3月,盛行偏北风,北部多为西北风,平均风速为6～7m/s;南部多北风,平均风速为8～9m/s。常有冷空气或寒潮入侵,强冷空气能使黄海沿岸气温下降10～15℃。4月为季风交替季节,风向不稳定。5月,偏南季风开始出现。6～8月,盛行南到东南风,平均风速5～6m/s。常受来自东海北上的台风侵袭,大风主要随台风而产生。黄海海区6级(10.8～13.8m/s)以上的大风,四季都有出现,但以冬季强度大,春季次数多。大风区多位于渤海海峡至山东半岛顶端成山角一带、千里岩和济州岛等附近海域。

3. 东海风特征

东海海域海表风速分布存在明显的季节变化。由于冬夏季风的转换以及副热带高压和大陆冷高压等大型天气系统的变化,秋冬两季风速较高,春夏两季风速较低,其中1月风速最高,8月风速最低。空间上东海南部风速要高于东海,台湾海峡由于特殊的地形原因,风速较高。大风天数与大风频率分布情况与海表风速分布类似,秋冬较高,春夏较低。热带气旋对风速极值的影响较大,但对大风天数及大风频率影响较小。海表风速昼夜差异分布不均匀,整体上秋冬两季差异较小,春夏两季差异较大。主导风向由季风变化和地形因素决定,冬季风期以北风、东北风主导,夏季风期以东南风、南风主导,而中国大陆和台湾岛的地形等决定了大环境下具体海域的风向。最适合船只航行和海上作业的季节是春季,夏秋两季需谨防极端天气的发生,冬季整体风速较高,海上活动需谨慎。

4. 南海风特征

南海是被中国大陆、中南半岛、菲律宾群岛所包围的海域,处于季风区,冬半年从10月至次年的3月为东北季风时期,1月份风力最大,强度大约在6～7级,当有强冷空气时可以达到7～8级。冬季南海冷空气活动频繁,大风维持的时间也较长,甚至可以达到1个多月,而且冷空气的影响范围大,其所造成的恶劣海况几乎覆盖整个南海海区。据统计,在南海西部和北部海域,风力大于5级的概率大约在50%左右,在南部和东部海域大约在20%左右,冷空气盛行时,会产生很大的海浪,对船舶的航行作业安全造成很大影响;夏半年从4月到9月中旬为西南季风时期,几乎每个月都会出现西南大风,7月份风力达到最强,大风一般产生于较强的热带低压、西南低压、台风及辐合带系统的南侧,南海的大风大多和辐合带有关,南部的大风多于北部。在西北部海域风力大于5级的频率大约在25%左右,在南部和东南部海域则为10%左右。

南海中的海流受季风的影响也很大,主要为风海流,又称定海流。它是由大范围盛行风所引起的一种流向、流速都比较稳定的海流,是海洋中最常见的一种海流。南海海区在冬季海面盛行东北季风期间,流场主要为西南流;在夏季海面盛行西南季风,流场主要为东北流,流向基本稳定。

冬季南海在东北季风影响下,海流基本是稳定的西南流,12月到次年1月流速最强,平均流速大约在0.3~1.0m/s。南海北部的海水在风力的推动下沿西部海域南下,形成了强大的西南向漂流,但流速不高;南海南部海流流向西南,流速可达0.3~2.0m/s;在南海东部,风速较小,流速很低;南海中部海区的流向较为复杂,这与南海独特的地形和风场有关。船舶在选择航向的时候,要尽量减小海流的影响。

夏季西南季风占据整个南海,流向基本是东北向或偏东向漂流。来自从爪哇海流的海流先是向西北,经过越南南部变为流向东北,最后在南北之间变为东向甚至东南向,流速大约0.3m/s,最大可达到2m/s。南海漂流的平均速度一般为0.3m/s左右,在强流区流速可达0.4m/s以上。

总之,南海处于世界著名的季风区中,夏半年主要为西南大风,冬半年主要为东北大风,冬季风力强于夏季而且风持续的时间较长、风向比较有规律,在冬夏季转换时风力较小。南海的海流主要是定海流,流向基本稳定,东北季风盛行期间大部分区域为西南流,西南季风盛行期间一般出现东北流。在船舶航行的时候,要注意南海北部出现大浪的概率比较高,南部相对较少,同时还要注意南海台风带来的大浪。

2.2.2 风对起重船的影响

对海洋资源的不断开采利用,产生了对海上大型设备的更多需求。无论采取什么样的形式对海洋进行开采利用,起重船都是海洋工程设施建设的主力工程船舶。起重船也叫"浮动起重机",在海洋勘探开发中应用非常广泛,可用于港口船舶装卸、造船工业、海洋石油平台安装、海洋资源开发利用、海洋交通运输、水下救援等,是全方位开发海洋必不可少的工具。

起重船按船体类型,主要可分为3种:驳船型、轮船型和半潜型。驳船型的主要特点是,主甲板形状规则、宽大而开阔,船体结构与型线均较简单,有些驳型船不设梁拱和

舷弧，以便于布置设备和装载货物。此外，型深较小也有利于在甲板上进行潜水作业，缺点为由于长宽比较小，所以船舶的横摇周期较短，致使惯性加速度较大，使上部结构所受的惯性力也较大。另外，航行或拖航阻力较大，拖航过程中可能产生过大偏荡，危及自身安全。但甲板宽大而开阔常常作为工程船首先要考虑的因素，且在大多数情况下，能满足起重机作业条件要求。

轮船型工程船的主要特点为，可自航、调遣速度快、易于采用动力定位、甲板不易上浪。但作为多用途的起重工程船，这种类型的船体在布置上受到很多限制，特别是干舷太高、甲板不阔等不利因素会造成一定的作业困难，故采用这种型式的工程船不多见。

半潜型工程船的主要特点为结构复杂、造价高，但克服了前两者的缺点，在风浪条件下具有的良好稳性。但由于起重船的起重能力不断增强，因恶劣海况引起的船体运动过大，影响了工程船的作业，所以必须在相应结构和设备上予以加强，半潜式钻井平台是利用半潜体特性的最多的案例。

起重船按起重船机功能，可分为固定、固定变幅、半回转及全回转起重船。固定式是吊臂固定在船上的一个方向，全船靠拖轮拖带转向，依靠锚艇向各个方向抛锚，通过牵拉不同方向的锚链，而实施重物回转。此外还可以按起重机结构等分类。

从 20 世纪 50 ~ 60 年代开始，一些中小型起重船就已经开始在海洋勘探、开发事业以及其他工作上发挥着很大作用，并建成了几百吨位的固定式和全回转式起重船。到 20 世纪末，我国已经建造出起吊能力在千万吨以上的大型起重船。近些年，随着海洋开发事业的不断完善以及海上资源勘探和开采的需要，起重工程船的发展速度更是飞快，海上平台吊装、海底管道的铺设都需要使用大型起重船。2007 年 5 月，上海获得了建造“亚洲动力定位第一吊”的 3000t 自航起重船项目。2008 年 5 月，世界最大的全回转自航浮吊“蓝鲸”号由上海振华港机建造完成，是世界上仅有的 3 艘 7000t 的巨型浮吊。2008 年 4 月，世界上最大的双体起重船开始建造，它是由 2 艘起重船和 1 艘驳船共同组成，起重能力更是达到了 20000t。

裴景涛研究发现风力对锚泊船偏荡运动有较大的影响。偏荡幅度随风力的增大而增加，但当风力大于某一数值且不超过极限风速时，偏荡幅度增加缓慢至趋于稳定，仅与出链链长有关，且随出链长度的增加，横移幅度也会有所增加，风力增加，偏荡周期变小。因此，随着风力的增大，偏荡运动的程度加剧，偏荡运动中，船舶的最大转首角度随着风力的增加而增大。

温清洪以“一航津泰”号起重船为研究对象，就无动力施工船抗台风能力校核及抗台措施进行研究。“一航津泰”锚缆破断拉力为 1960kN，安全系数取 2.0 时，缆上许用力为980kN;安全系数取1.8时,缆上许用力为1089kN。该起重船船锚为15t的大抓力锚,可承受210t最大水平拉力(大抓力锚的抓重比为12~14),即2060kN最大水平力。对于14级台风,起重船8条锚缆中7条均在安全系数2.0的许用力范围内,其中1条实际受力超出了安全系数2.0的许用力范围,但在1.8安全系数范围内也是安全的。对于14级台风,该起重船所有锚受力均在安全范围内。

王晟通过对7500t浮式起重机在风浪作用下的应力计算得到如下结论:臂架部分是浮式起重机的主受力构件,臂架旋杆和腹杆的连接处会出现局部应力集中现象,检测时必须注意这些构件连接处;通过应力随时间变化曲线图,航行工况中风浪载荷对浮式起重机结构的影响很大,因此航行工况中必须注意风浪对浮吊构件局部的影响;航行工况下浮吊桁框架和地盘连接处会出现局部的应力集中现象,检测时应注意这些部件连接处。

2.2.3 风对运输船的影响

针对漂浮式风电机组的整体拖航,一般有干拖和湿拖两种方式。干拖航行速度较快,但需要考虑因素较多,如运输船的选择,运输货物的海上环境承受力以及结构强度和结构疲劳等。针对较远距离的运输,一般采用干拖方式。湿拖相对速度较慢,如果安装海域距离建造场地较近时,则考虑湿拖。湿拖需要考虑风浪流环境力的影响。

1. 湿拖运输

当海洋工程结构物的建造地点与海上安装地点距离较近时,一般采用湿拖。湿拖时一般需要几艘拖轮进行掩护和拖拉,速度较慢,所以,在深远海项目里,应尽量避免较长距离的湿拖。

2. 干拖运输

在进行浮式风机干拖运输时,首先要选择运输船舶。根据以往的项目案例,大件干拖运输多采用半潜船作为运输船,一般半潜船都自带动力。如果没有半潜船,也可以选择无动力的驳船,通过拖轮牵引前行。半潜船需具有承载大型结构物的能力以及自潜装卸的能力,并可以自主控制航行方向,因此成为干拖运输的首选。

随着全球经济不断快速发展,航运业务愈加繁荣,船舶、钻井平台和风机基础等大型浮体拖带作业也相对增多,拖航作业的地位变得越来越重要,同时不少新问题也在涌现。比如在海上拖航或拖带作业中,时常发生缆绳受力过大而断裂、布置长度不合理而拖底、被拖船或平台发生偏荡等事故,严重影响拖航作业安全。以往遇到这些情况,基

本根据经验进行操作，缺乏系统的理论指导。因此，研究被拖船或平台的拖航性能及运动特性，对海上拖航作业的顺利进行，有着极其重要的意义。

根据 EMSA(2018)统计，2011 ~ 2017 年间欧盟共有 2620 艘服务船发生事故，其中由拖船拖航或牵引操作引起的事故比例高达 24.1%。事故发生原因大多是对天气、海况、拖航过程中的运动响应特性缺乏准确预测，或未明确应急处置预案。2008 年某海上拖航救助作业中，巨大风浪导致被拖船剧烈摇摆，拖缆绳发生断裂，使作业难度大大增加。2011 年自升式钻井平台 Kolskaya 湿拖作业过程中遭遇巨大风浪，导致舱室进水沉没，造成 53 人失踪或死亡，成为俄罗斯石油和天然气行业中最严重的一次事故。2016 年 Transocean Winner 钻井平台在拖航期间遭遇恶劣风暴天气，致使拖缆绳崩断后发生搁浅事故。FPSO（Floating Production Storage and Offloading）Dalia 和 Akpo 在拖航过程中遭遇恶劣海况后，分别出现缆绳断裂和吃水过低现象。以上事故案例说明，极端天气和恶劣海况会导致被拖船或平台破舱进水及缆绳断裂，以致发生倾覆沉没或搁浅事故。

丁红岩等人分别对三筒和四筒筒型基础平台以及具有多分舱结构的复合筒型基础气浮拖航进行模型试验和现场监测，并分析吃水深度、拖航速度、纵倾角和波浪条件等因素对筒型基础气浮拖航的影响，计算和模拟了筒型基础浮态及拖缆力大小。Myland 等人对 GICON-TLP 拖航稳性进行试验研究，分析了不同拖航方式及不同风浪条件下拖航稳性及拖航阻力。Gerwick 等人在考虑风浪流荷载作用情况下，建议拖船平均拖曳速度在 4 ~ 8 节之间。

韩彦青基于多体动力学方法，建立了拖船-拖缆绳-全潜式浮式风机整个拖航系统的动力学模型，研究了拖航过程中风环境影响因素对全潜式浮式风机运动响应的影响。研究发现，浮式风机基础拖航纵摇主要受风和波浪影响较大，而横摇和垂荡受波浪影响较为明显。全潜式浮式风机为高耸结构，拖航时风机叶片受到的风荷载传递到浮式基础上，会引起较大的倾覆弯矩。风机系统的垂荡较小，随风速的变化也很小，这是由于风机系统所受除重力作用外的竖向荷载较小，且全潜式浮式风机基础底面积较大，风机系统竖向静水回复刚度较大，因此风速的增大并不会对浮式风机拖航时的垂荡响应造成较大影响。风机基础的横摇角在 0.15°内，随风速的增大略有增加。浮式风机在拖航时的横摇角较小，在拖航起步阶段会有较大的纵摇出现，这是由于拖缆点的高程在重心以下，由于初始拖缆力较大，并且耦合风浪流倾覆弯矩之后，形成相对于拖航稳定后较大的纵摇弯矩及纵摇角。拖航稳定后，纵摇角变小，并且随风速的增大略有增加。

孙巍将拖轮、拖缆和驳船组成的拖航系统作为主要研究对象，建立了六自由度拖航运动数学模型，考虑环境因素的影响，得出了风作用下的拖航系统操纵运动方程。计算发现,拖航系统直航时受到风的影响,运动轨迹会产生一定的偏移量,且拖航系统在运动过程中,会逐渐出现首迎风的状态,这是由于风压力的作用点较之作为其反力的水压力的作用点更靠近船尾。若受到风的影响,拖航系统会在回转过程中产生一定的偏移,且偏移方向会与风向成一定角度,在规定工况下,风速为 5m/s 时,拖航回转轨迹偏移量约为 $2L$;风速为 10m/s 时,拖航回转轨迹偏移量约为 $13.75L$,由此可以看出风速越大,拖航回转轨迹偏移量越大。同时,横摇角和纵摇角会受风的影响而呈现有规律的振荡,而且随风速的增大,振荡幅度也会加大。风速为 5m/s 时,横摇角振荡幅度拖轮最大达到1.5°,驳船最大可达到0.1°;风速为10m/s 时,横摇角振荡幅度拖轮最大可达到4.5°,驳船最大可达到 0.3°。而纵摇角在风力影响下虽然也呈现振荡状态,但振荡幅度较小。此外,随风速的增加,拖航运动速度振荡幅度也会明显增加。

王维聪依托某自升式钻井平台设计,在水池中进行风浪流作用下的物理模型试验。在给定的船型条件、环境动力因素以及不同载量的试验工况条件下,分别对其在不同环境动力影响因素作用下的运动响应和拖航力等性能参数及其变化规律进行了系列化的模拟试验研究。研究发现:在拖航速度较小时,轻载拖航的最大缆力与满载大体一致;随着拖航速度的增大,满载的最大拖航阻力逐渐大于轻载的最大拖航阻力;相同的拖航速度下,如果波高、风速增大,则拖航的最大阻力迅速增大。拖航阻力受海上风、浪、流以及自升式钻井平台的吃水差、船型、水深等众多因素的影响,正常情况下,对自升式钻井平台产生的阻力主要来自浪和流;而在大风浪等恶劣天气时,大风对于自升式钻井平台,特别是轻载自升式钻井平台由于受风面积大,所产生的阻力就会迅速增加。风速不大时,若拖航速度较小,轻、满载拖航阻力系数均呈曲线明显下降,当拖航速度较大时,轻、满载的拖航阻力系数的变化减小;当风速较大时,轻、满载拖航阻力系数也呈曲线下降。

2.3 深远海地质条件对作业船舶的影响

2.3.1 深远海地质特征

中国近海位于北太平洋的西部边缘,包括渤海、黄海、东海和南海。总面积 470 多万 km^2。渤、黄两海以老铁山角经庙岛群岛至山东蓬莱角的连线为界;黄海与东海以长江口东北岸启东角至韩国济州岛西南角的连线为界;对东海与南海的界线说法不一,较

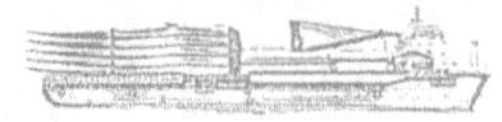

为公认的是以南澳岛与台湾鹅銮鼻的连线为界。

渤海是中国最北的近海，亦为中国最浅的半封闭性内海。三面环陆，与辽、冀、津、鲁相邻，东有渤海海峡与黄海相通。海峡的南北两侧，有山东半岛、辽东半岛钳形扼守。渤海南北长约556km，东西宽约346km，总面积约8万km^2。由辽东湾、渤海湾、莱州湾和中央海盆组成，平均深度约18m。入海的主要河流有黄河、辽河、滦河和海河，年径流总量达888亿m^3。地势由沿岸向中央和海峡倾斜，地形单调平缓。海底分布有古海岸线和古河道残迹。渤海为中、新生代沉降盆地，基底为前寒武纪变质岩。第四纪沉积物厚达300~500m，主要为陆源物质。三大海湾都分布有粉砂质黏土软泥和黏土质软泥。中部多细粉砂、粗粉砂、细砂。海峡北部为砾石、贝壳残片，海峡南部则为细粒沉积。

黄海是中国大陆与朝鲜半岛之间的陆架浅海。因海水呈黄褐色而得名。南北长870km，东西宽约556km，面积约49万km^2。平均水深44m。主要入海河流有淮河水系、中朝界河鸭绿江和朝鲜的大同江。主要海湾，西有胶州湾、海州湾，东有朝鲜湾和江华湾。地势由北和东西两侧向中央和东南向倾斜。中央偏东有狭长低槽，自济州岛伸向渤海海峡，称为“黄海海槽”，槽的东侧坡陡，西侧平缓。南黄海西部沿岸较浅，苏北沿岸多辐射状沙脊群，水深不到20m，为船只航行之险滩。东部沿岸较西部沿岸深，约20~50m。济州岛西北最深可达140m。长江口以北至济州岛，有长江浅滩，长约100km，水深约30m。黄海北部沉积物，粗、细粒度呈不规则斑块状分布；东部则粗细砂兼有，并有砾石和基岩；南黄海西部，呈南北向带状分布，中间为黏土质软泥，东西两侧为细砂和粗粉砂。

东海是中国陆架最宽的边缘海。位于上海、浙江和福建之东，中国台湾岛和琉球群岛之西；西北与黄海相接；东北以韩国济州岛东端至日本九州野姆崎角的连线与朝鲜海峡沟通，南经台湾海峡与南海相连。东北-西南长约1300km，东西宽约740km，面积约77万km^2。平均水深49m，最大水深在冲绳海槽，为2719m。入海河流主要有长江、钱塘江、闽江、瓯江和浊水溪。主要海湾有杭州湾、象山湾、三门湾和乐清湾等。海底地形似扇形，由西北向东南呈台阶式加深。台湾岛与五岛列岛连线的西北侧为陆架浅海，东南侧为陆坡和海槽深海。陆架面积占东海总面积的1/3，其上残留有古海岸线和长江古河道遗迹。表明东海陆架在更新世曾是大陆平原，为中国大陆向海的自然延伸部分。海底沉积物呈带状分布，近岸为粉砂、粉砂质软泥和软泥，中部为广大的细砂、中砂和砾石，间或有软泥细粒沉积，冲绳海槽为黏土质软泥。东海为地震活跃区，尤以琉球群岛最为频繁，震级可高达7~8级。

南海为中国近海中面积最大、水最深的海区。位于中国最南端。东接太平洋，西南通印度洋。面积约 350 万 km^2，平均水深 1212m，最大深度 5559m。入海的主要河流有中国的珠江、越南的红河、湄公河和泰国的湄南河等。主要海湾有中、越两国接壤的北部湾、泰国南部的泰国湾等。地形似菱形，从四周呈阶梯状向中部加深，可分为陆架、大陆坡和深海盆等地貌单元。陆架以西南部最宽，巽他陆架为世界宽阔陆架之一，宽达 900 多 km。北部陆架宽约 285km，内侧为陆源沉积，外侧为沙质沉积，如图 2-3 所示。东、西部陆架最窄，吕宋岛以西，岛架宽仅 5m。大陆坡也呈阶梯状下降（150 ~ 3000m），其上岛屿和暗礁星罗棋布，中国的东沙、西沙、中沙和南沙诸群岛都位于陆坡上，东、西部陆坡较陡，东部最陡（达 10°），并有许多切割峡谷。被大陆坡包围的深海平原为中央盆地，水深大于 3500m，其间矗立有一些水下海山。盆地东侧有吕宋海槽、巴拉望海槽和马尼拉海沟，后者最深，达 5377m，长约 350km，沟底宽 10km。中央盆地的底质，主要为棕色抱球虫软泥，含有火山灰。

时代成因	地层编号	层底高程(m)	层底深度(m)	层厚(m)	柱状图比例尺1：100	岩性描述	湿度	可塑性密实度	风化程度	标准贯入或动力触探	取样位置(m)
Q_4^m	①$_1$	-28.92	1.50	1.50		淤泥：深灰色；饱和，流塑；质滑腻，含有机质，略具腥臭味，局部混贝壳碎屑，海相沉积	饱和	流塑			1.50-2.00
	①$_2$	-37.42	10.00	8.50		淤泥质土：青灰、灰褐色；饱和，流塑；切面光滑，含有机质，8.0m以下含多量粉砂颗粒，或表现为淤泥质土混砂，局部混贝壳碎屑，海相沉积	饱和	流塑		=1 2.15-2.45 =1 4.45-4.75 =1 6.95-7.25 =1 9.25-9.55	3.80-4.30 6.30-6.80 8.60-9.10
	②$_5$	-39.62	12.20	2.20		中砂：灰袍色；饱和，中密；主要矿物为石英、长石，级配一般，含黏粒，海陆过渡相沉积	饱和	中密		=18 11.85-12.15	11.50-11.70
						粉质黏土：灰色；很湿，软塑；黏性，韧性一般，含粉砂颗粒，含少量有机质，海陆过渡相沉积					14.10-14.30

图 2-3　南海某地钻孔柱状图

2.3.2 深远海地质对船舶抛锚的影响

船用锚是船舶在海上航行必备的具有特殊形状和结构的钢铁制品。在需要时船只将锚抛入水中,锚抓底后为船舶提供锚泊力,可以帮助船只完成减速、停泊或转向等操作。船只在因装卸货物、避风、等待泊位、检疫、候潮等情况下,都需要在锚地抛锚停泊。另外,在紧急情况下减速刹车、狭窄水道掉头、驶离码头等操作中,也常常用到船锚。因此,船用锚是船运领域极为重要的一环。工程船在海上进行作业,需要相对稳定的工作环境。在非动力定位的工程船上,主要通过锚系实现定位。船舶动力定位技术成熟之前,或者在浅水区域内,锚系工程船是海洋工程的主力船舶,在海上施工时需要通过锚机、锚缆、锚链和工作锚组成的锚泊系统,实现精确就位和船舶移动。工程船船体时刻受到水流、波浪、风等环境因素影响,要在一定区域完成作业,就不能缺少任何一个方向的约束,如图 2-4 所示。

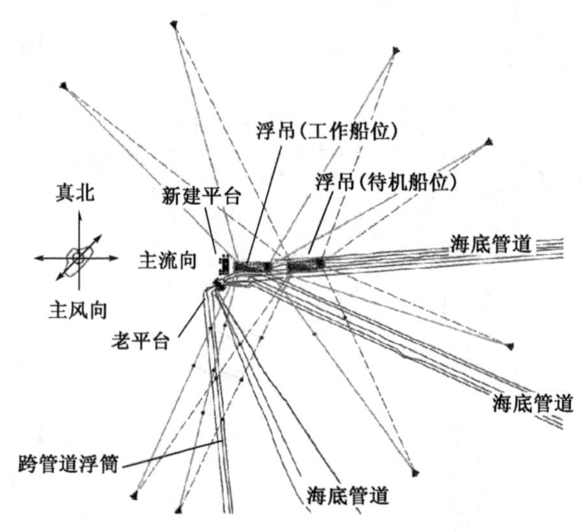

图 2-4　渤海某项目工程船锚位示意图

船只在刹车、转向时,需要先放锚到海底。锚由一定的初速度贯入海床中,船只持续放链同时船体向前移动,通过锚链拉动锚在海床土体中拖动,锚逐渐插入土中,为船只提供锚泊力。相对于落锚活动,船锚在海床拖动时,其移动范围较大,在较软海床上的啮土深度较深。然而,对于拖锚问题的研究多集中在其所表现出的锚抓力大小和其他抓住性能上,对锚在海床底质中的运动规律研究较少。

海洋工程用锚由于其入土深度直接关系到其承载能力的大小,受到了国内外学者的广泛关注,其中锚体结构较为简单的拖曳埋置式板锚,与船锚有着近乎相同的结构

(都包括锚爪和锚柄等部件),其安装过程与船用锚的拖锚过程也比较接近,对其在土中拖动轨迹的研究,可以借鉴到船锚的拖锚运动分析中。

Neubecker 和 Randolph 进行了无黏性土中的板锚拖锚模型试验,总结了板锚拖动过程中其在土中的埋入方向发展规律,并基于 LeLievre 和 Tabatabaee 的成果的研究,根据土体极限平衡理论,通过分析锚和锚前土楔块体的受力,提出了预测板锚在无黏性土中运动轨迹的方法。

Aubeny 和 Chi 建立了关于软土底质上拖曳贯入式锚的锚抓力和拖曳轨迹的计算模型,考虑了锚的结构(爪柄夹角和二者连接点的位置、锚柄的长度和直径)土性(灵敏度、强度随深度变化等)及土面处锚索角度等的影响。该计算模型通过与悬链线理论结合,可用于对船-锚的整体分析。

Thorne 分析了软黏土里拖锚过程中锚体不同部件所承受的阻力,综合分析锚体的三向受力后,提出了锚运动轨迹和锚抓力的理论模型,并与试验结果进行了对比验证。

O' Neill 等通过塑性极限分析,预测了黏土中的拖锚运动轨迹,并讨论了板锚的锚爪为楔形和矩形时,周围土体的响应和锚的运动趋势。

Haixiao Liu 等通过对黏土中锚和嵌入海床段缆绳的受力分析,推导了涉及锚、嵌入缆绳、土体的锚的最大埋深的计算公式。

Grabe 等通过数值方法,分别模拟了 AC-14 锚在砂土和黏土中的拖锚运动,研究了砂土密实度、黏土强度和拖锚速度等对拖锚运动的影响。

李培冬、刘海笑等基于耦合的欧拉-拉格朗日法,建立了缆绳-锚-海床底质土体三者的耦合作用关系的有限元模型,得到了拖曳式板锚在黏土中的运动轨迹(安装过程),比较了均质黏土和随深度线性变换的黏土中对锚运动的影响。

张炜、刘海笑通过模型试验,对拖曳板锚的安装过程进行了深入研究,研究发现拖曳锚胫角对锚的埋入深度、拖曳力等影响较大;另外梯形锚板较矩形锚板的工作性能更好。

单国辉等对原型的 HY-14 锚、HY-17 锚、海军锚即 HYD-14 锚进行了粉细砂底质中的拖锚试验,测定了这 4 种锚在同一区域的锚抓力、啮土深度等指标。

姜海龙以 WAC-14 型锚、DA-1 型锚、波尔锚和斯贝克锚 4 种锚的模型为试验用锚,分别在粗砂底、软泥底和细砂底条件下开展了模型试验,研究了不同锚的抓驻性、稳定性及抓力与抓底深度的关系。通过对比发现,在其他条件相同的情况下,底质对锚的抓驻性影响非常大,其在不同底质下的抓力系数有时甚至会相差一倍以上;锚型和底质特性会影响锚的稳定性。

2.3.3 深远海地质对基础施工的影响

在传统的海上风电基础型式中，常用的有单桩基础、高桩承台基础、导管架基础、多角架基础和重力式基础等，如图 2-5 所示。其中，运用最广泛的是单桩基础。单桩基础由钢板卷制后，通过焊接组成，塔筒通过过渡段与桩腿连接。截至 2019 年，在欧洲海域共安装了 4258 个海上风电单桩基础，占比高达 81%。单桩基础的适用水深为 0～30m，具有技术成熟、结构简单等优点。随着现在单机容量越来越大、安装水深越来越深，目前单桩基础的直径已经超过 9m，对打桩设备提出极高的要求。由于海洋环境复杂，打桩过程受天气和海况的影响比较严重，导致承租打桩船和打桩设备的成本节节升高。在打桩过程中，巨大的噪声会对海洋生物产生难以估量的影响。由于结构刚度小，在水平外力的作用下容易产生侧向变形。当沉桩深度范围内存在基岩时，需要进行嵌岩处理，大大增加了安装成本。

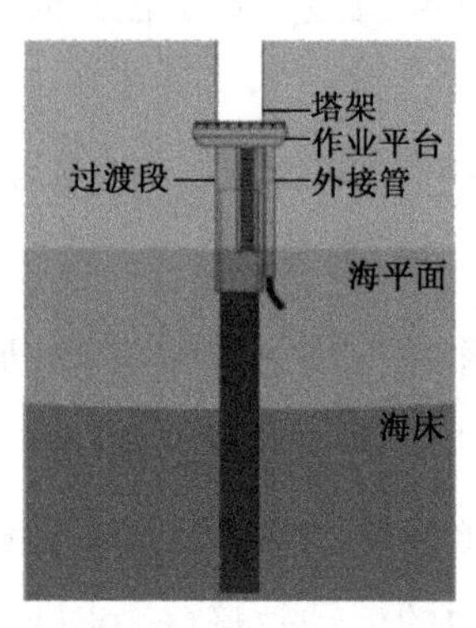

a)海上风电单桩基础结构示意图

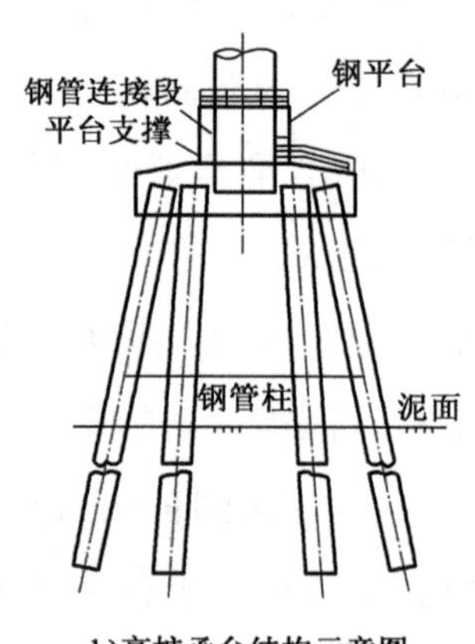

b)高桩承台结构示意图

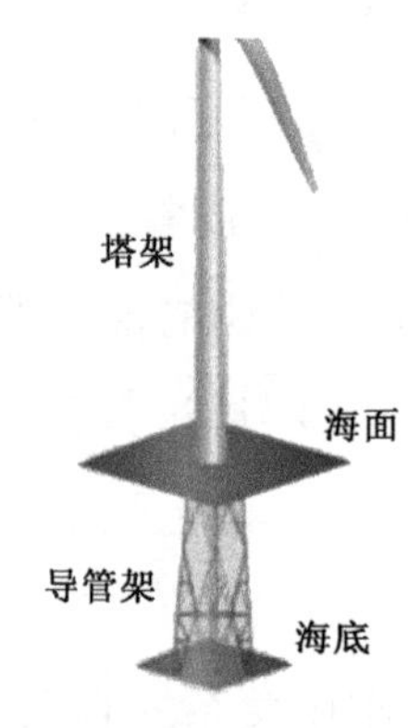

c)导管架基础结构示意图

图 2-5 不同基础结构示意图

为了提高基础刚度并降低桩身的受力，我国首创了高桩承台基础。高桩承台基础由钢管桩和钢筋混凝土组合构成，适用水深为 0～30m，比较适合在承载力差、抵抗水平载荷能力不足的软土地基海域使用。由于借鉴了港口工程结构，施工技术较为成熟，能用于该基础结构的施工船机设备较多，防撞性能好，市场选择性大。然而高桩承台基础使用了钢筋混凝土和钢管桩组合的结构，施工程序复杂烦琐，需要的施工窗口期长，同一基础的钢管桩需打至同一土层，且桩端标高不宜相差过大。随着水深的增加，高桩承台基础的建设成本显著提高。对海上施工窗口期及水深的高要求，限制了高桩平台基础的进一步发展。

导管架基础一般有 3～4 个桩腿，桩腿之间通过斜撑杆连接，形成满足强度、刚度和稳定性的空间桁架结构。导管架结构在承载力方面表现卓越,适用水深为0～50m。据统计,截至2019年年底,欧洲总共安装了海上风电468个导管架,占所有风机基础数量的8.9%。根据钢管桩和导管架的施工顺序,可分为先桩法和后桩法。先桩法的施工安装步骤为先将钢管桩沉桩到指定位置,再利用导管架腿部的插尖将导管架安插到钢管桩的位置,最后通过灌浆将钢管桩和导管架牢固连接。后桩法则是先将导管架安装至指定位置,然后再将钢管桩从导管架下部的管套打入,最后通过灌浆进行连接,从而获得抵抗环境载荷的能力。导管架基础的结构刚度高、施工工艺成熟、施工工序少、对地质的要求较低,是固定式海上风电基础走向深水的较佳选择。然而,导管架结构受力相对复杂,节点数量多,受海洋环境载荷的作用,容易发生腐蚀疲劳损伤。由于水下灌浆的质量不易监测,所以导管架和钢管桩之间的连接也是其结构弱点之一。目前,海上风电导管架基础的建造成本和维护成本都比较高昂。

重力式基础的工作原理和陆上风电的重力式扩展基础的承载原理类似,主要利用结构本身的重量和内部的压载重量,抵抗上部载荷产生的倾覆力矩和滑动力,重量通常在1000t以上。一般认为重力式基础适用于水深不超过20m的浅水近海风电场,因为随着水深增加,重力式基础受到的浪流载荷作用会非常显著,建造安装成本呈指数式增加,同时浮力会抵消掉40%以上的基础重量。重力式基础的结构分析和建造工艺相对复杂,对海床地基、水深条件和船舶起重设备的要求较高,适用于海床平整、地质承载力高的海域,尤其是基岩海床。由于重力式基础会直接将整体结构的重量传递给海床,因此在安装前需要对海床进行整平度处理,以扩散重力式基础对地基的应力,降低发生不均匀沉降的可能性。

1.吸力筒基础施工

吸力筒基础的筒体为底部开口、顶部密封的筒型,外伸段可采用钢筋混凝土预应力结构或钢结构,适用于水深30～60m的海域,软黏土和松散砂土地质。其工作原理与吸力桩相同,是一种大型圆柱薄壁钢制结构,根据筒的个数可分为单筒基础和多筒基础。吸力筒基础在海洋工程领域已有超过40年的使用历史,首次应用是在1980年丹麦的Gorm油田。随后,国内外对此类型基础开展广泛研究,并在海洋石油行业广泛应用,积累了丰富的设计和施工经验。

在海上风电领域,吸力筒基础主要应用于测风塔和海上风力发电机组的结构基础。2002年,丹麦Frederikshavn项目首次采用单筒吸力筒基础支撑风力发电机组,如图2-6a)所示。2014年,德国Borkum Riffgrund 1项目安装了世界上首台三筒吸力式筒型导管架基础支撑风力发电机组,如图2-6b)所示。随后,英国的Aberdeen项目和Dudgeon项

目也将此类型基础用于海上风电。吸力筒基础在这些项目中的成功应用,充分说明了此类型基础的可行性及发展前景。

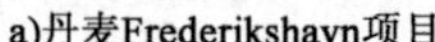

a)丹麦Frederikshavn项目

b)德国Borkum Riffgrund 1项目

图 2-6　吸力筒基础应用

吸力筒基础的施工流程主要概述为以下几步:

(1)基础建造完成后,在码头进行组装、调试;

(2)根据制定的运输方案,选择适宜的运输方式,将基础运至机位点。运输可采用干拖和湿拖 2 种方式,根据具体情况确定;

(3)运输安装船运输到达指定安装位置后,进行定位抛锚,并对海床进行整平清淤处理;

(4)开展基础入水下沉,并进行实时监测调平。基础下沉主要包括自重下沉和负压下沉 2 个阶段;

(5)沉放完毕后,进行负压加固,在基础周围抛砂石进行防冲刷保护。

吸力筒基础主要用于砂土或黏土中,可应对岩溶等复杂地质情况。通过总结现有的工程经验,此类型基础的优点为:制造费用与嵌岩单桩相比较低;安装速度快,操作简便;无需大型安装船,可供选择的船舶资源丰富,安装费用低;可重复使用,便于移动。此类型基础也存在一定的不足:对地质条件、地质参数和海床平整度要求高,安装位置受海床地质的影响大;施工受天气等环境因素影响大,且相应的技术并不完备;会出现水塞、土塞等现象。

2. 桩基础施工

海上风机桩式基础占用海床面积最小,具有承载力高,沉降量小而均匀等特点,它承受竖向和水平向荷载以及风机振动等动力作用的能力强,适用的工程地质范围较广。这类基础的结构简单,质量容易控制,技术优势明显,但造价相对不菲。

单立柱单桩基础是风机桩基础中最简单的一种结构形式。由于预制超大直径 PHC

桩极其困难,施工需要很大的打桩力又容易损伤桩身,目前实际工程中主要采用1根直径约4~6 m的钢管桩,并用法兰过渡段与风机塔架相连接。钢桩深入海床土中的长度由海底土的性质以及由风机和塔架传递的荷载等因素决定。单个超大直径钢管桩基础的竖向和水平向的刚度和承载力大,与上部结构的连接简便,对海床的处理主要为了适当地减弱海流的冲刷。

单立柱三桩基础是用3根中等直径的,通常按等边三角形布置的钢管桩,桩顶通过钢套管来支撑上部三脚桁架结构,构成组合式基础。施工时先沉放定位三脚架,然后将3根桩通过导管打入海底土中;导管与基桩连接在水下进行,可采用灌注高强化学浆液或填充环氧胶泥(一般每个桩需要配专用水下液压卡桩器)、水下焊接等工序进行连接。三脚桁架为预制构件,布设数根水平和斜向钢连杆,其分别连接3根钢套管以及位于中心的上部竖向钢管。竖向钢管顶端设法兰与风机塔架相接,承受上部塔架荷载,并将力与力矩传递到3根钢桩上。

群桩(多于3桩)承台基础在DNV规范里面没有推荐,但根据我国沿海陆地和上海东海在建风电场选型设计来看,对滩涂和近海风电场也是一种可行的风机基础结构。我国沿海陆地风电场,多选用低桩承台结构,而上海东海大桥海上风电场则采用了高桩承台结构。

王宇楠对福建近海海域岩基海床进行研究,发现福建近海海域存在同一区域地质条件差异较大和局部存在暗礁与岩滩的特点,为岩基海床,具有覆盖层厚度及组成变化大,基岩埋深及风化程度变化大的复杂地质条件。研究结果表明,单桩基础结构设计方案能够满足相关规范要求,从结构设计角度,可应用于此种复杂地质海域海上风电场。但施工尚存在垂直度控制、孔壁围护等主要施工技术难点,基础施工还有着较多不确定因素。

● 本章参考文献

[1] 任会礼.锚泊起重船刚柔耦合动力学建模及其动态特性研究[D].武汉:华中科技大学,2008.

[2] 孙雷,林美鸿.波浪参数对起重船——吊物系统耦合运动响应的影响[J].珠江水运,2022,(11):110-113.

[3] 陈进,杨树,帅立华,等.波浪作用下起重船-吊物系统耦合运动响应数值模拟[J].

船舶工程,2021,43(5):60-65+78.

[4] 孙为本. 大吨位起重船刚柔耦合动态性能研究[D]. 哈尔滨:哈尔滨工程大学,2014.

[5] 刘扬,闵烨,李亚杰,等. 浮式风机干拖运输技术研究[J]. 中国水运,2022,(5):122-124.

[6] 王琛. 半潜运输船动力定位性能研究[D]. 哈尔滨:哈尔滨工程大学,2012.

[7] 丁红岩,石建超,张浦阳,等. 风机运输船浮运过程耐波性分析[J]. 中国海洋大学学报(自然科学版),2016,46(12):104-110.

[8] 许鑫,杨建民,李欣,等. 海洋工程中多浮体系统的水动力研究综述[J]. 中国海洋平台,2014,29(4):1-8+13.

[9] Kodan N. The motion of adjacent floating structure in oblique waves[C]. Proceedings of the 3rd International Conference on offshore Mechanics and Arctic Engineering, 1984, 106:199-205.

[10] Ohkusu M. Ship motions in vicinity of a structure[C]. Proceedings of the 1st International Conference on the Behavior of offshore Structures, 1976:284-306.

[11] Fang M C, Kim C H. Hydrodynamically coupled motions of two ships advancing in oblique waves[J]. Journal of Ship Research, 1986, 30(3):159-171.

[12] Van O G. Hydrodynamic interaction between two structures of floating in waves[C]. Proc. Boss'79. 2nd international conference on behavior of offshore structure, 1979: 339-356.

[13] Loken A E. Hydrodynamic interaction between several floating bodies of arbitrary form in waves[C]. Proceedings of international symposium on hydrodynamics in ocean engineering, 1981, (2):745-779.

[14] Mavrakos S A, Koumoutsakos P. Hydrodynamic interaction among vertical axis-symmetric bodies restrained in waves[J]. Applied Ocean Research, 1987, 9(3): 128-140.

[15] Hong S Y, Kim J H, et al. Numerical and experimental study on hydrodynamic interaction of side-by-side moored multiple vessels[J]. Ocean Engineering, 2005, 32 (7): 783-801.

[16] Lu L, Cheng L, et al. Numerical investigation of fluid resonance in two narrow gaps of three identical rectangular structures[J]. Applied Ocean Research, 2010, 32(2):

177-190.

[17] Zhang X S, Bandyk P. On two-dimensional moonpool resonance for twin bodies in a two-layer fluid[J]. Applied Ocean Research, 2013, 40: 1-13.

[18] Molin B. On natural modes in moonpools with recesses[J]. Applied Ocean Research, 2017, 67: 1-8.

[19] McIver P, Porter R. The motion of a freely floating cylinder in the presence of a wall and the approximation of resonances[J]. Journal of Fluid Mechanics, 2016, 795: 581-610.

[20] 谢楠, 郜焕秋. 波浪中两个浮体水动力相互作用的数值计算[J]. 船舶力学, 1999, (2): 7-15.

[21] 滕斌, 何广华, 李博宁, 等. 应用比例边界有限元法求解狭缝对双箱水动力的影响[J]. 海洋工程, 2006, 24(2): 29-37.

[22] Chen X J, Cui W C. New Method for Predicting the Motion Responses of a flexible Joint Multi-Body Floating System to Irregular Waves[J]. China Ocean Engineering, 2001, (4): 491-498.

[23] 朱仁传, 朱海荣, 缪国平. 具有小间隙的多浮体系统水动力共振现象[J]. 上海交通大学学报, 2008, 42(8): 1238-1242.

[24] Sun L, Eatock T R, Taylor P H. Wave driven surface motion in the gap between a tanker and an FLNG barge[J]. Applied Ocean Research, 2015, 51: 331-349.

[25] Zhao W H, Pan Z Y, Lin F, et al. Estimation of gap resonance relevant to side-by-side offloading[J]. Ocean Engineering, 2018, 153: 1-9.

[26] Yan S Q, Ma Q W, Cheng X M. Fully nonlinear hydrodynamics interaction between two 3D floating structures in close proximity[C]. Proceeding of the 19th International Offshore and Polar Engineering Conference, 2009, 662-669.

[27] Fitzgerald C J, McIver P. Approximation of near resonant wave motion using a damped harmonic oscillator model[J]. Applied Ocean Research, 2009, 31(3): 171-178.

[28] Hong Y P, Wada Y, et al. An experimental and numerical study on the motion characteristics of side-by-side moored LNG-FPSO and LNG carrier[C]. Proceedings of the 19th International Offshore and Polar Engineering Conference, Osaka, ISOPE, 2009: 172-179.

[29] Feng X, Bai W. Wave resonances in a narrow gap between two barges using fully nonlinear numerical simulation[J]. Applied Ocean Research, 2015, 50: 119-129.

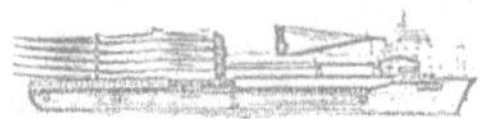

[30] Jin R J, Ning D Z, Bai W, et al. The influence of up-wave barge motion on the water resonance at a narrow gap between two rectangular barges under waves in the sea[J]. Acta Oceanologica Sinica, 2018, 37(11): 68-76.

[31] Saitoh T, Miao G P, lshida H. Experimental study on resonant phenomena in a narrow gap between two modules of Very large floating structure[C]. Proceeding of the international Symposium on Naval Architecture and Ocean Engineering, 2003, 39: l-8.

[32] Iwata H, Saitoh T, Miao G P. Fluid resonance in narrow gaps of very large floating structure composed of rectangular modules[C]. Proceedings of the 4th International Conference on Asian and Pacific Coasts, 2007: 815-826.

[33] Wang D G, Zou Z L. Study of non-linear wave motions and wave forces on ship sections against vertical quay in a harbor[J]. Ocean Engineering, 2007, 34: 1245-1256.

[34] Kristiansen T, Faltinsen O M. A two-dimensional numerical and experimental study of resonant coupled ship and piston-mode motion[J]. Applied Ocean Research, 2010, 32(2): 158-176.

[35] 刘春阳. 波浪作用下双浮体系统水动力特性的实验和数值研究[D]. 大连: 大连理工大学, 2017.

[36] Ning D Z, Zhu Y, Zhang C W. Experimental and numerical study on wave response at the gap between two barges of different draughts[J]. Applied Ocean Research, 2018, 77: 14-25.

[37] Buchner B, Dijk A, Wilde J J. Numerical multiple body simulations of side-by-side mooring to an FPSO[C]. Proceedings of the 11th International offshore and Polar Engineering Conference, 2001, 343-353.

[38] Boer G, Buchner B. Viscous damping of Vessels moored in close proximity of another object[C]. Proceedings of the 15th International offshore and Polar Engineering Conference, 2005, 381-387.

[39] 吕海宁, 杨建民, 张承懿. 半潜式超大型浮体的多刚体试验研究[J]. 船舶工程, 2004(5): 33-37.

[40] Pessoa J, Fonseca N, Soares C G. Numerical study of the coupled motion responses in waves of side-by-side LNG floating systems[J]. Ocean Engineering, 2015, 51: 350-366.

[41] 赵文华, 杨建民, 胡志强, 等. FLNG 系统进行旁靠卸载作业时的水动力性能研究[J]. 船舶力学, 2012, 16(11): 1248-1256.

[42] Xu X, Yang J M, Li X, et al. Hydrodynamic performance study of two side-by-side barges[J]. Ships and offshore Structures, 2014, 9(5): 475-488.

[43] Chua K H, Mello P, Malta E, et al. Irregular seas model experiments on side-by-side barges[C]. Proceedings of the 28th International Off Shore and Polar Engineering Conference, 2018: 1180-1189.

[44] Zhao A H, Wolgamot H A, Taylor P H, et al. Gap resonance and higher harmonics driven by focused transient wave groups[J]. Journal of Fluid Mechanics, 2017, 812: 905-939.

[45] 谭雷. 浮式结构间隙内的大幅波浪共振问题研究[D]. 大连:大连理工大学,2019.

[46] 薄文波. 渤海海面风场数值模拟与预报研究[D]. 青岛:中国海洋大学,2014.

[47] 尹文昱,张永宁. 渤海海峡风浪特征统计分析[J]. 大连海事大学学报, 2006(4): 84-88.

[48] 魏荣. 中国东海风场模拟及特征分析[D]. 南京:南京信息工程大学,2016.

[49] 邳帅. 起重船对南海海况的适用性研究[D]. 天津:天津大学,2012.

[50] 裴景涛. 风中单锚泊船偏荡运动及走锚过程的仿真研究[D]. 大连:大连海事大学,2010.

[51] 温清洪. 无动力船舶抗台风能力校核及抗台措施[J]. 航海,2021(3):62-64.

[52] 王晟. 海洋风浪载荷对 7500t 浮式起重机结构影响分析[J]. 中国重型装备,2009(3):1-5+9.

[53] 刘扬,闵烨,李亚杰,等. 浮式风机干拖运输技术研究[J]. 中国水运,2022(5): 122-124.

[54] 张健. 海上风电全潜漂浮式风机拖航运动响应与风险分析研究[D]. 天津:天津大学,2019.

[55] 韩彦青,丁红岩,张浦阳,等. 基于多体动力学的浮式风机拖航中的环境影响分析[J]. 天津大学学报(自然科学与工程技术版),2017,50(10):1055-1061.

[56] 孙巍. 船舶拖航六自由度操纵运动仿真研究[D]. 哈尔滨:哈尔滨工程大学,2015.

[57] 王维聪. 自升式钻井平台 RAO 及拖航试验研究[D]. 大连:大连理工大学,2011.

[58] 中国科学院地理科学与资源研究所. 中国海岸与近海 [DB/OL]. http://www.igsnrr.ac.cn/.

[59] 刘超,王浩宇,黄山田. 工程船锚缆受损情况分析及预防措施研究[J]. 石油工程建设,2021,47(S2):186-191.

[60] Neubecker S. R. ,Randolph M. F. The kinematic behaviour of drag anchors in sand[J]. Can. Geotech. J. ,1996,33:584-594.

[61] Aubeny C. P. ,Chi C. Mechanics of Drag Embedment Anchors in a Soft Seabed[J]. J. Geotech. Geoenviron. Eng. ,2010,136(1):57-68.

[62] Thorne C. P. Penetration and load capacity of marine drag anchors in soft clay[J]. Journal of Geotechnical and Geoenvironmental Engineering,1998,124(10): 945-953.

[63] O'Neill M. P. ,Bransby M. F. ,Randolph M. F. Drag anchor fluke-soil interaction in clays[J]. Can. Geotech. J. ,2003,40(1):78-94.

[64] Haixiao Liu,Ying Li,Hanting Yang,Wei Zhang,Chenglin Liu. Analytical study on the ultimate embedment depth of drag anchors[J]. Ocean Engineering, 2010,37(14-15): 1292-1306.

[65] Grabe J. ,Qiu G. ,Wu L. Numerical simulation of the penetration process of ship anchors in sand[J]. Geotechnik,2015,38(1):36-45.

[66] 李培冬,刘海笑,赵燕兵. 拖曳锚在海床中运动特性的大变形有限元分析[J]. 海洋工程,2016,34(2):56-63.

[67] 张炜,刘海笑. 拖曳锚嵌入机理及运动特性实验研究[J]. 东南大学学报(自然科学版),2010,40(3):581-586.

[68] 单国辉,李玉峰. 不同型号锚在粉细砂地质中锚抓力大小测定[J]. 科技创新导报,2013,(5):127-128,131.

[69] 姜海龙. 船用锚抓底性能试验研究[D]. 大连:大连海事大学,2016.

[70] 李亚杰. 吸力筒基础在海上风电领域应用的重难点分析[J]. 船舶物资与市场,2021,29(12):18-20.

[71] 潘宏冠. 海上风电吸力筒导管架结构主参数设计与基础稳定性研究[D]. 广州:华南理工大学,2021.

[72] 尚景宏. 海上风力机基础结构设计选型研究[D]. 哈尔滨:哈尔滨工程大学,2010.

[73] 王宇楠. 海上风电岩基海床单桩基础适用性分析[J]. 福建水力发电,2016(2):71-74.

CHAPTER 3 第三章

漂浮式风电项目施工前的技术准备

3.1 钢结构制造厂商调研

现场考察是保证制造质量的基础。浮式风机的主体结构、浮式平台、桩锚系统皆采用钢结构制造加工而成,为保证浮式风机的制造和施工质量,实现风机的长久安全运行,秉承着"装配化、大型化、工厂化、标准化"的工业化建造理念,需要对钢结构制造工厂商的制造资质、制造能力、制造场地与设备、交通运输、管理体系、制造流程与工艺等进行实地考察,并对比选出最优制造厂商。

3.1.1 制造资质与制造能力

调研钢结构制造厂商的资格证书,根据《中国钢结构制造企业资质管理规定》,钢结构制造企业等级分为钢结构制造特级、一级、二级、三级,相应级别的钢结构制造企业,承担不同范围的钢结构加工制造任务。

钢结构制造特级企业:可承揽相应行业所有钢结构的制造任务,生产规模达到5万吨/年以上。业务范围包括高层、大跨房屋建筑钢结构、大跨度钢结构桥梁结构、高耸塔桅、大型锅炉刚架、海洋工程钢结构、容器、管道、通廊、烟囱、重型机械设备及成套装备等。

钢结构制造一级企业:可承揽相应行业重点钢结构的制造任务,生产规模达到1.2万吨/年以上。业务范围包括高层、大跨房屋建筑钢结构、大跨度钢结构桥梁结构、高耸塔桅、大型锅炉刚架、海洋工程钢结构、容器、管道、通廊、烟囱等构筑物。

钢结构制造二级企业:可承揽一般钢结构制造任务,生产规模达到0.6万吨/年以上。业务范围包括高度100m以下,跨度36m以下,总重量1200t以下的桁架结构和边长80m以下,总重量350t以下的网架结构,中跨(20m以下)桥梁钢结构和一般塔桅钢结构(100m以下)等。

钢结构制造三级企业:可承揽一般轻型钢结构的加工制作任务,生产规模达到0.3万吨/年以上。业务范围包括50m以下,跨度24m以下,总重量600t以下桁架结构,边长40m以下,总重量120t以下网架钢结构、压型金属板及其他轻型钢结构加工制作任务。

3.1.2 制造场地与设备

钢结构制造厂的场地大小、布置及其现有设备，是体现制造能力和制造质量的硬性指标。制造场地的调研内容主要包括：制造厂商生产基地占地面积、生产车间面积、加工场地平整度等。同时还要注意环境污染问题，调研钢结构制作场地的环境卫生情况及其生产过程中所使用的机械、动力、检测、设备、辅料等引起污染的控制情况。

制造设备的调研内容主要包括：加工、运输、吊装机械设备型号和年工作能力，具体包括剪板机、折弯机、钻床、数控切割机、组立机、龙门焊、矫正机、抛丸机，油漆喷涂、C/Z型钢檩条机、彩钢瓦单板机、起重设备，行车、叉车等。

3.1.3 交通运输

需对钢结构制造厂商的运输能力和工作质量进行现场调研，要求如下：

(1)发运的构件，单件超过3t的，宜在易见部位用油漆标上重量及重心位置的标志，以免在装、卸车和起吊过程中损坏构件；

(2)节点板、高强度螺栓连接面等重要部分要有适当的保护措施，零星的部件等都要按同一类别用螺栓和铁丝紧固成束或包装发运；

(3)大型或重型构件的运输应根据行车路线、运输车辆的性能、码头状况、运输船只，编制运输方案；

(4)在运输方案中要着重考虑吊装工程的堆放条件、工期要求，编制构件的运输顺序；

(5)运输构件时，应根据构件的长度、重量断面形状选用车辆；

(6)构件在运输车辆上的支点、两端伸长的长度及绑扎方法，均应保证构件不产生永久变形、不损伤涂层；

(7)构件起吊必须按设计吊点起吊，不得随意操作；

(8)公路运输装运的高度极限为4.5m，如需通过隧道，则高度极限为4m，构件长出车身不得超过2m。

3.1.4 管理体系

制造厂商管理体系需要全面完善，具有层次性和可操作性，主要包括安全生产管理

体系、质量管理体系、加工制作管理体系等，需要有明确的管理目标、分工职责、工作要点、工作规划等。

为实现保证工期、质量等目标，需要分派工程项目经理并选择精干人员，组成"钢结构制作项目部"，统筹生产、制造、运输等工作。同时，指定具有丰富项目管理经验的人员担任现场责任人，与现场业主、设计、监理等单位进行工作联系，包括深化图纸送审、制作及供货进度、现场构件制作质量缺陷处理、参与现场各类会议等相关协调工作。"钢结构制作项目部"在业主、监理、设计单位和相关政府主管部门的监督和指导下，履行权利和义务，代表法人全面履行合同约定，全面负责工程的总体规划、组织、指挥、协调和掌控。项目部下面可设置相应职能部门，包括生产管理部、深化设计技术部、质量管理部、安全监督部、物资管理部、商务管理部等。

具体管理人员和工作内容可分为 3 个层次：

(1)决策层：主要人员包括项目经理、深化设计负责人、技术负责人、质量负责人、加工负责人、现场负责人等。主要工作内容包括深化图纸送审、制作及供货进度、现场构件制作质量缺陷处理、参与现场各类会议等相关协调工作；

(2)管理层：由各职能部门选择各部分精英骨干，服从项目部统一指挥，负责开展相应标段各项工作。主要工作内容包括负责现场工期计划、进行深化设计、物资采购、工艺设计、生产安排、安全和质量管理、发运、商务结算等；

(3)作业层：由各个生产车间切割下料工段、装配焊接工段、预拼装工段、除锈涂装工段、构件发运工段组成，由车间主任、工段长负责生产协调。主要工作内容为有序组织车间生产，确保构件加工工期和质量。

3.1.5 制造流程与工艺

1. 准备工作

首先由设计单位提供详图设计和审查图纸，在考虑加工工艺的基础上绘制加工制作图，包括实际尺寸、划线、剪切、坡口加工、制孔、弯制、拼装、焊接、涂装、产品检查、堆放、发送等各项内容。而后进行备料和核对，根据图纸材料表计算出各种材质、规格、材料净用量，再考虑一定数量的损耗，提出材料预算计划。工程预算一般可按实际用量所需的数值再追加 10%，进行提料和备料。随后编制工艺流程，主要原则是能以最快的速度、最少的劳动量和最低的费用进行操作，可靠地加工出符合图纸设计要求的产品。内容包括：

(1)成品技术要求。

(2)具体措施:关键零件的加工方法、精度要求、检查方法和检查工具;主要构件的工艺流程、工序质量标准、工艺措施(如组装次序、焊接方法等);采用的加工设备和工艺设备。最后组织技术交底,上岗操作人员应进行培训和考核,特殊工种应进行资格确认,充分做好各项工序的技术交底工作。技术交底按工程的实施阶段可分为2个层次。第一个层次是开工前的技术交底会,参加的人员主要有:工程图纸的设计单位、工程建设单位、工程监理单位及制作单位的有关部门和有关人员。

技术交底主要内容有:

①工程概况;

②工程结构件的类型和数量;

③图纸中关键部位的说明和要求;

④设计图纸的节点情况介绍;

⑤对钢材、辅料的要求和原材料对接的质量要求;

⑥工程验收的技术标准说明;

⑦交货期限、交货方式的说明;

⑧构件包装和运输要求;

⑨涂层质量要求;

⑩其他需要说明的技术要求。

第二个层次是在投料加工前进行的本工厂施工人员交底会,参加的人员主要有:制作单位的技术、质量负责人,技术部门和质检部门的技术人员、质检人员,生产部门的负责人、施工员及相关工序的代表人员等。

2. 工艺流程

钢结构的制作工艺流程通常包括:样杆和样板的制作、号料、划线、切割、边缘加工和端部加工、制孔、组装、焊接、摩擦面处理、涂装、编号等,相应施工流程需遵照国家规范和行业标准展开。

3. 验收和堆放

钢构件加工制作完成后,应按照施工图和国标《钢结构工程施工及验收规范》(GB 50205—2001)的规定进行验收,有的分为工厂验收、工地验收。因工地验收还增加了运输的因素,钢构件出厂时,应提供下列资料:

①产品合格证及技术文件;

②施工图和设计变更文件；

③制作中技术问题处理的协议文件；

④钢材、连接材料、涂装材料的质量证明或试验报告；

⑤焊接工艺评定报告；

⑥高强度螺栓摩擦面抗滑移系数试验报告，焊缝无损检验报告及涂层检测资料；

⑦主要构件检验记录；

⑧预拼装记录。由于受运输、吊装条件以及设计的复杂性的限制，有时构件要分为2段或若干段出厂。为了保证工地安装的顺利进行，在出厂前应进行预拼装(需预拼装时)；

⑨构件发运和包装清单。

构件通常应堆放在工厂和现场的堆放场。构件堆放场地应平整坚实，无水坑、冰层，地面平整干燥、排水通畅，设有较好的排水设施，同时有车辆进出的回路。

构件应按种类、型号、安装顺序划分区域，插上竖标志牌。构件底层垫块要有足够的支承面，不允许垫块有大的沉降量。堆放的高度应有计算依据，以最下面的构件不产生永久变形为准，不得随意堆高。钢结构产品不得直接放置于地上，应垫高200mm。

在堆放中，如发现有变形不合格的构件，则应严格检查，矫正后再堆放。不得把不合格的变形构件堆放在合格的构件中，否则会大大地影响安装进度。

对于已堆放好的构件，应派专人汇总资料，建立完善的进出厂动态管理，严禁乱翻、乱移。同时对已堆放好的构件进行适当保护，避免日晒雨淋。

不同类型的钢构件一般不堆放在一起。同一工程的钢构件应分类堆放在同一地区，便于装车发运。钢构件制作区域由各个生产车间切割下料工段、装配焊接工段、预拼装工段、除锈涂装工段、构件发运工段组成，由车间主任、工段长负责生产协调。主要工作内容为有序组织车间生产，确保构件加工工期和质量。

3.2 风机安装场地与拖航准备

浮式风机在到达规划场址之前，需要完成将浮式平台拖航至安装场地、风电机组安装和风电机组整体拖航至目标场址的准备工作。其中，风电机组安装需考虑场地条件、交通运输、机械设备、水文气象等方面影响因素，拖航过程需要对拖航线路、拖航手续、拖航船舶、水文气象等开展调研，对拖航路线和安装场地进行选址。

3.2.1 机组安装场地

1. 场地条件

满足现场三通一平基本条件,即保证施工用电、用水条件,且施工道路畅通无阻,安装场地要求平整夯实,基础承载能力强,禁止在松土沉陷不均匀的基础上安装。浮式风机机组安装场地需满足风电机组卸货、浮式平台靠泊以及风电机组安装的施工要求。场地位置要求尽可能减少拖航距离。

2. 交通运输

安装现场需要保证联系场地内部各工区、生产及生活区之间和为施工需要临时设置的交通运输线路的安全和畅通。可根据不同用途设置相应的施工场内交通线,包括但不限于:截流线、运料线、场内交通线等线路及跨河设施等。

3. 机械设备

安装场址需要保证机械设备入场施工,包括履带式起重机、汽车式起重机等。对于进入施工现场的机械设备,无论机械设备来源是企业自有机械设备,还是外部租赁机械设备(包括分包单位租赁机械设备)、分包单位自带机械设备,都必须纳入项目总包安全管理体系,并实施监督管理。

4. 水文气象

需要调研安装场地的气候概况(常年风速风向、热带气旋影响情况、大雾天情况、气压、气温、降水、极端天气等)、潮汐特征、潮流特征、海浪等基本水文气象参数,保证安装的时间进度和安全性。具体包括:根据气象预报资料,提前做好钢结构运输及现场施工安排,选择合适的作业窗口进行施工;根据现场可作业天数制定施工计划:

(1)可作业天数≤3 天,不施工。

(2)可作业天数在 4 ~6 天,确保完成变压器、变压器单元吊装及调载,三节塔筒的吊装及调载,机舱的吊装及调载,风轮拼装。若天气窗口允许,则完成风轮吊装及调载。

(3)可作业天数≥7 天,完成风机安装施工。

5. 安全和质量保证

安装场地需要识别主要危险源并采取相应的安全保障措施,设置安全管理机构,形成安全保证措施体系。安装过程需要注意的质量问题包括:各部位的连接螺栓(螺栓外观检查、螺栓辅料涂覆、螺栓紧固顺序、螺栓力矩紧固次数、螺栓力矩校验等);风机安装

(风机各零部件的状态、塔筒内部的电气设备及电梯等是否正确对接、安装时的平台水平度、安装中压载水舱的状态、消缺等);电气安装(布线、接头质量、交接试验等)。

3.2.2 拖航准备

1. 拖航线路

航线水深设计以被拖船或拖船的最大吃水、富余水深为考虑重点,结合航路的气象条件、海况、障碍物、定位与避让条件等因素而设计,保持合理的水深和航道宽度条件。

2. 拖航手续

拖航需要向所在水域海事管理单位申请办理大型设施、移动式平台、超限物体水上拖带许可,同时应具备以下条件:确有拖带的需求和必要的理由;拖轮适航、适拖,船员适任;已通过相应的通航安全技术评估;已制订拖带计划和方案,有明确的拖带预计起止时间和地点及航经的水域;满足水上交通安全和防污染要求,并已制定保障水上交通安全、防污染的措施和应急预案。

拖航过程中进港口时,需要向相关海事局(处)办理航行船舶进出港手续,同时应具备以下条件:船舶具有齐备、有效的证书、文书与资料;船舶配员符合最低安全配员的要求,船员具备适任资格;船舶状况符合航行、停泊、作业的安全和防污染等要求,并已制定各项安全和防污染措施与应急预案,需要护航的,已经向海事管理机构申请;船舶拟进入、通过的水域和停靠的码头、泊位均满足安全和防污染的要求;拖带的船舶,应提供适拖证书,已按规定办理拖航手续;核动力船舶或者其他特定种类的船舶,应符合我国法律、行政法规、规章的相关规定。

3. 拖航船舶

主拖船除应满足《海上安全拖航导则》(海安会通函 MSC/Circ. 884)对主拖船的所有有关规定要求外,还应确保以下要求(辅拖轮也需满足):航前应检查机械、通信等各种设备,确保拖曳设备处于完好状态;要对救生器材、消防设备、号灯和号型进行详细的检查,并且满足《1974 国际海上人命安全公约》和《1972 国际海上避碰规则》要求;应配备符合航区要求的合格船员;拖轮的各种证书及文件应保证齐全有效,如拖航的稳性资料、拖航布置图、拖曳设备及索具证书、拖船系柱拖力试验证书以及与拖航航线相适应的证书等文件;检查油水储存量,根据拖航距离备足燃料、淡水、食品等物资;要充分考虑到整个过程中的油水消耗以及附近没有补给条件,确保在突发事件发生时有足够油、水可供使用(例如长时间大风浪的恶劣天气的发生等);岸基指挥组应协助船长确认气象条件满足要求,方可安排出港。

4. 气象水文

需要调研安装场地的气候概况(常年风速风向、热带气旋影响情况、大雾天情况、气压、气温、降水、极端天气等)、潮汐特征、潮流特征、海浪等基本水文气象参数,保证拖航的时间进度和安全性。

3.2.3 案例应用

以某漂浮式风机为工程背景,对上述安装场地和拖航准备过程进行说明。

该漂浮式风机规划场址位于湛江市徐闻县前山镇罗斗沙海域,处于琼州海峡东口,场址距离西侧徐闻县陆域的最近距离为12.8km。风机主体结构包括浮式平台、风电机组以及3个桩锚。其中,浮式平台出运码头位于广东省东莞市坦涌围工业路7号;风电机组在茂名广港码头完成拼装,最后在徐闻县前山镇罗斗沙海域完成机位施工。

机组安装场地

1)场地条件

浮式风机安装施工选用茂名港博贺新港区广港码头。该码头港池宽阔,周边有防波堤,码头常水位高程为+0.26m,码头地面高程为+7m,泥面高程为-16m,港池水深约16m,施工区域码头地基承载力为12t/m^2。浮式风机安装实际场地为广港码头1号泊位。该泊位长度约为270m,可以满足风电机组卸货、浮式平台靠泊以及风电机组安装的施工要求。

2)机械设备

本项目为风机安装施工,在茂名广港码头1号泊位进行,主要采用1250t和350t履带式起重机进行。首先利用80t和130t汽车式起重机完成1250t和350t履带式起重机的进场拼装工作,然后采用1250t和350t履带式起重机配合完成风电机组转移工作,接着完成浮式平台的靠泊,最后利用1250t和350t履带式起重机进行风机安装作业。主要机械参数如下:

1250t级履带式起重机,工况为SSL(混合主臂工况),主臂臂长126m,吊钩等级为600t,超起平衡重半径为19m、22m和25m,吊装过程中可通过顶推油缸进行调节,转台平衡重为280t,车身平衡重为100t,超起平衡重根据实际情况进行加减。

350 t级履带式起重机,工况为SDB(超起工况重型主臂),主臂臂长72m,吊钩等级

200t，超起配重半径11m、13m、15m，吊装过程中可通过顶推油缸进行调节，后配重85t，车身压重30t，超起配重根据实际情况进行加减。

3）水文气象

潮汐特征：茂名港属于不正规半日潮港，受热带风暴、强热带风暴和台风影响时，港内水位一般可增高1.2m。根据国家海洋中心发布的2022年台湾海峡至北部湾潮汐表，在浮式风机安装期间，博贺港最大潮高出现在3月2日，为3.41cm。广港码头水位及浮式风机安装期间潮位特征如表3-1所示。

广港码头水位特征（1985国家高程） 表3-1

序号	项目	水位（m）
1	码头极端高水位	4.34
2	码头设计高水位	3.20
3	博贺最大潮高	1.71
4	黄海平均海面	0
5	码头设计低水位	0.26
6	码头极端低水位	-0.44
7	博贺潮高基准面	-1.70

潮流特征：茂名港属于往复流，涨、落潮流方向基本依水道方向。涨潮流向为北偏西，流速1.3kn；落潮为南向流，流速1.4kn。

海浪：茂名港濒临南海，以风浪为主，风浪出现频率为100%，涌浪出现频率为36%。北季风期的涌浪较多，南季风期的涌浪较少。一般波高约1.7m，最大可达4.4m。港内波浪由外海传进波和小风区自生波组成，外海波浪传到港内衰减较多，对港内影响不明显。全年波向以东南向为主，出现频率15.9%的西向浪次之，为10.7%。年平均有效波高（HS）为1.23m，单点系泊处实测的最大有效波高为7.75m，向东东南向。该海域的东北季风期的强浪向为东东南向，次强浪向为东向；西南季风期的强浪向为西向。海域受外海涌浪的影响，年平均周期较大，为5.1秒，实测最大周期8.8秒。各月的平均周期变幅不大。

风速风向：该海区季风明显，夏半年盛行西南风，冬半年盛行东北风。常风向为东向，出现频率为17.0%；次常风向为东东南向，出现频率为15.0%。强风向为南西南向，最大风速为26m/s；次强风向为东南向、东北向，最大风速为24m/s。年平均风速为2.6m/s，偏东向平均风速较大，为3.2m/s。全年7级以上风日数多年平均为7.5天。

热带气旋：6～10月为热带风暴、强热带风暴和台风多发季节，其中8月、9月为盛行期，在夏秋两季，几乎每年都会影响该港。台风中心在该港登陆年平均不足1次，风力 8 ~ 12 级,最强可达 12 级以上。袭击时伴有狂风、暴雨、大浪和风暴潮。

雾:冬末春初有雾,多集中于 2 ~ 4 月,平均 2 天以上。全年平均雾日约 9 天,最长时间为 14 天。浓雾一般出现于夜间至凌晨,港内一般中午前后消失,最大雾时,视距不到 20m。

气压:年平均气压为 1011.5hPa。12 月最高,平均气压为 1019.2hPa;7 月最低,平均气压为 1003.5hPa。

气温:年平均气温 22.3°C。全年以 1 月最低,平均气温 12°C;7 月最高,平均气温为 28.5°C。历史最高气温达 37.2°C(1968 年 7 月 27 日);历史最低气温为 3°C(1975 年 12 月 17 日)。

云量:年平均总云量约 7 成。全年晴天约 174.6 天,主要集中在 7 ~ 12 月;全年阴天 76.8 天,主要集中在 3 ~ 6 月。

降水:本海区雨量充沛,年降水分布不均,集中在 4 ~ 9 月,其降水约占年降水量的 80%。历年平均降水量为 1265mm,年最大降量为 2169.5mm,最小降水量为 109.9mm。日最大降水量为 182.3mm,一小时最大降水量为 9mm。历年平均降水日数为 131 天,历年最长连续水日数为 19 天,年最长无降水日数为 59 天。

雷暴:该港年平均雷暴日数为 61.4 天,多出现在 4 ~ 9 月,其中 5 ~ 8 月最多,平均天以上,雷暴天数平均约为 85 天/年。

2. 拖航准备

1)拖航线路

本项目拖航所拖带的浮式平台由立柱、垂荡板与方形撑杆组成。计划将浮式平台从广东省东莞市坦涌围(23°02.30′N,113°32.30′E)拖至茂名市电白区广港码头(21°26.01′N,111°17.41′E)。全程约 231.63n mile,文船码头到锚地换拖完成约 12h,出珠江口约 12h,海上拖航约 84h,主拖轮解拖与辅拖轮接拖 8h,进入茂名港直至靠泊完成 24h,计划拖航时间总计 7 天。

浮式风电机组底端塔筒用螺栓连接在浮式平台 1 号立柱上,计划将风电机组整体从茂名市电白区广港码头(21°26.01′N,111°17.41′E)拖至广东省湛江市徐闻县前山镇徐闻罗斗沙海峡(20°18.84′N,110°34.81′E),琼州海峡东口处。全程约 101.73n mile,出茂名港约 12h,海上拖航 36h,计划拖航时间总计 2 天。

浮式平台拖航路线依次经过赤沙水道、莲花山东水道、坭洲水道、东莞江水道、大虎水道、虎门水道、川鼻水道、龙穴水道、伶仃水道,穿过大屿海峡,出珠江口进入南海,航道信息如表 3-2 所示。

主要航道通航尺度表　　表 3-2

航道名称	长度(km)	水深(m)	通航宽度(m)	备注
赤沙水道	5.56	9～11.5	140～160	小型船舶
莲花山东水道	10.9268	13.0	160	吃水 8m 以上或 2 万吨级以上船舶
坭洲水道	8.6118	13.0	160	主航道的进出口大船;小船;中小型油轮
东莞江水道	4.445	14.0	160	轮渡航线;中小型船舶
大虎水道	8.0562	13.0	160	轮渡航线;中小型船舶;沙仔离泊作业船舶
虎门水道	—	13.0	160	—
川鼻水道	12.7788	13.0	160	大量的船舶交通流
龙穴水道	5.56	13.0	160	—
伶仃水道	50	17.0	160	人工疏浚航道

水深:本次拖航的浮式平台吃水 5.8m,南海救 101 吃水 6m,按吃水较大船型考虑 10% 富余水深,所需航道水深约为 7m。根据本次拖航计划航线情况,沿途水域中水深最浅处为赤沙水道 No.87LH 锚地水域,航经水深最浅处为 8.1m。根据拖航计划航线,应查阅拖航当日当地的潮汐表,选择适当的起拖时机,确保顺利乘潮通过。

航道宽度:本次拖航航道宽度较小的航段为赤沙水道、莲花山水道,仅为 140m,浮式平台最宽处为 80m,在浮式平台两侧还各连接有 1 艘辅拖轮,占据航道宽度小于 140m,并且浮式平台可通过两侧的辅拖轮在偏离航线时及时调整方向,效果良好,从而使得整个拖航保持在计划航线上。

综上所述,本次拖航设计航线沿途水域航道通航宽度、水深等条件满足拖航船组通航需求,且避开了碍航物,航线设计较为合理。

2)拖航船舶

南海救 101:总长为 109.7m,型宽 16.2m,型深 7.6m,主拖缆的破断负荷为 3420kN,直径为 70mm,系柱拖力为 1420kN,续航能力为 10000n mile,满载吃水为 6m。甲板船用起重机:50kN－16m,120kN－9m,满足条件。甲板船用起重机距水面高度为 6.9m,拖曳眼板距水面高度为 3.7m,满足要求。

赤港拖 2:总长为 39.595m,型宽 12m,型深 5m,满载吃水 3.8m,最大系柱拖力 72t(即 705.6kN),续航能力为 1500n mile,满足吃水及拖力要求。

长大 22:总长为 33.3m,型宽为 9.2m,型深为 3.9m,满载吃水 3m,最大系柱拖力为 50t(即 490kN),续航能力为 1590n mile,满足吃水及拖力要求。

赤港拖 1:总长为 35.25m,型宽为 11m,型深为 5.3m,满载吃水为 4.1m,最大系柱拖力为 50t(即 490kN),续航能力为 1500n mile,满足吃水及拖力要求。

长大 21:总长为 33.3m,型宽为 9.2m,型深为 3.9m,满载吃水 3m,最大系柱拖力为

50t(即 490kN),续航能力为 1590n mile,满足吃水及拖力要求。

DGPS:根据不同定位精度要求,在拖船上安装 GPS 罗经,实时采集"南海救 101"的位置、船首向及航向距离;在浮式平台的每个立柱上安装 GPS 和姿态仪,实时监测浮式平台的位置与姿态,保证拖航安全。SPS461 GPS 如图 3-1 所示。

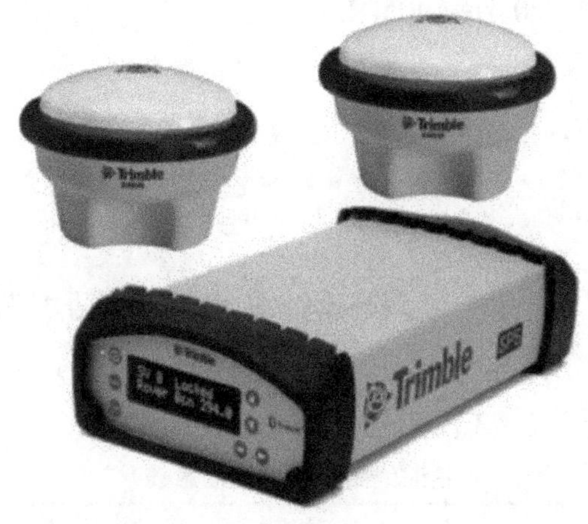

图 3-1　SPS461 GPS

DGPS 主要性能参数如下:

(1)GPS 通道:14 通道,12 单频 GPS(L1)通道和 2 个 SBAS 通道;

(2)数据更新率:1Hz、2Hz、5Hz、10Hz;

(3)水平精度:典型值 <1m;垂直精度:典型值 <5m;

(4)1PPS 信号;防水、防尘;

(5)外部电源:10.5V 至 28V DC 外部电源输入,带有过压保护装置。

姿态和加速度监测系统:主要由测量单元组成,每个测量单元包含 3 只加速度计和 3 只陀螺仪。以相互垂直位置进行安装。陀螺仪测得沿载体坐标系 3 个轴的角速度信号,加速度计测得沿载体坐标系 3 个轴的加速度信号。主要技术参数如下:

(1)方位角量程 ±180°,转角测量精度优于 0.5°(RMS 值),分辨率 0.01°,水平姿态角量程 ±90°,动态测量精度优于 0.1°(RMS 值),分辨率 0.01°,角速度动态范围 ±15°/s,角速度测量精度优于 0.02°/s(RMS 值),分辨率 0.01°/s;

(2)加速度测量量程为 ±4g,测量误差不大于 0.05mg(RMS 值),分辨率不低于 0.02mg(RMS 值);

(3)传感器带宽 250Hz,传感器最大数据更新率优于 100Hz。

无线网桥通信系统:是一种高速无线网桥设备,设备采用 OFDM 调制,可以利用多径进行传输,大大扩展了电台的通信范围。主要技术参数如下:

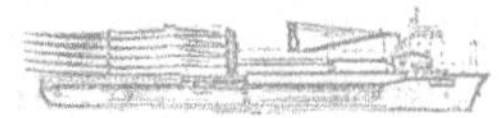

(1)高吞吐量:最高可达100Mbps;

(2)室外最远传输距离10km以上;

(3)编码方式:OFDM;

(4)发射频率2.4GHz;

(5)信道带宽:10MHz,20MHz,40MHz;

(6)功率消耗:8W;

(7)温度范围:-30℃~+75℃;

(8)密封等级:IP66。

3)避台风锚地

与航线相交的锚地依次有:1号大濠州锚地89DH、11号坭洲锚地83NZ、3号大虎山水域锚地66DH、20号沙角锚地53SJ、19号沙角锚地52SJ、11号沙角锚地44SJ、10号沙角锚地43SJ。锚地详情如表3-3所示。

拖航线路相交锚地信息表 表3-3

编号	锚地名称	位置	范围(km)	水深(m)	底质	用途
89DH	1号大濠州锚地	113°30′45″E 23°02′01″N	半径0.3	9	泥沙	掉头、防台
83NZ	11号坭洲锚地	113°32′38″E 22°56′16″N	半径0.24	4.1	泥沙石	防台备用
66DH	3号大虎山水域锚地	113°34′24″E 22°50′36″N	半径0.37	10.7	沙泥	油轮作业、防台
53SJ	20号沙角锚地	113°37′26″E 22°47′21″N	半径0.37	11	岩	应急
52SJ	19号沙角锚地	113°37′41″E 22°47′01″N	半径0.37	11.2	沙泥	货轮防台
44SJ	11号沙角锚地	113°38′44″E 22°44′20″N	半径0.37	13	石	掉头
43SJ	10号沙角锚地	113°40′01″E 22°43′59″N	半径0.37	14	沙泥	应急

航道外的锚地有:2号莲花山锚地85LH、1号莲花山锚地84LH、10号坭洲锚地82NZ、9号坭洲锚地81NZ、8号坭洲锚地80NZ、7号坭洲锚地79NZ、3号坭洲锚地75NZ、6号大虎山水域锚地69DH、5号大虎山水域锚地68DH、4号大虎山水域锚地67DH、18号沙角锚地51SJ、17号沙角锚地50SJ、16号沙角锚地49SJ、15号沙角锚地48SJ、14号沙角锚地47SJ、13号沙角锚地46SJ、12号沙角锚地45SJ、9号沙角锚地42SJ、8号沙角锚地41SJ、7号沙角锚地40SJ、6号沙角锚地39SJ、龙穴水道中小型油轮防台泊区No33LD、龙

穴水道中小货轮防台泊区No32LD、1号内伶西南锚地No28LD、大屿山Y2锚地No22DY。锚地详情如表3-4所示。

拖航线路附近锚地信息表　　表3-4

编号	锚地名称	位置	范围(km)	水深(m)	底质	用途
85LH	2号莲花山锚地	113°31′06″E 22°01′07″N	半径0.3	7.6	沙泥	防台备用
84LH	1号莲花山锚地	113°31′14″E 22°00′48″N	半径0.3	5.7	沙泥	防台备用
82NZ	10号坭洲锚地	113°33′08″E 22°56′24″N	半径0.24	6	沙泥	防台备用
81NZ	9号坭洲锚地	113°33′14″E 22°56′06″N	半径0.3	7.4	沙泥	货轮应急、防台
80NZ	8号坭洲锚地	113°33′30″E 22°55′49″N	半径0.3	6	沙泥	货轮应急、防台
79NZ	7号坭洲锚地	113°33′42″E 22°55′35″N	半径0.24	6	沙泥	防台备用
75NZ	3号坭洲锚地	113°33′54″E 22°54′09″N	半径0.3	7.7	沙泥	货轮防台
69DH	6号大虎山水域锚地	113°33′41″E 22°51′48″N	半径0.37	6.9	沙泥	应急、防台备用
68DH	5号大虎山水域锚地	113°33′55″E 22°51′16″N	半径0.37	11.5	沙泥	应急、防台备用
67DH	4号大虎山水域锚地	113°34′03″E 22°50′52″N	半径0.37	12.1	沙泥	油轮作业、防台
51SJ	18号沙角锚地	113°38′02″E 22°46′45″N	半径0.37	9.4	沙泥	货轮防台
50SJ	17号沙角锚地	113°38′17″E 22°46′25″N	半径0.37	9	沙泥	货轮锚泊、防台
49SJ	16号沙角锚地	113°38′34″E 22°46′05″N	半径0.37	9.1	沙泥	货轮锚泊、防台
48SJ	15号沙角锚地	113°38′51″E 22°45′41″N	半径0.37	10	沙泥	货轮作业、防台
47SJ	14号沙角锚地	113°38′19″E 22°45′25″N	半径0.37	9	沙泥	货轮锚泊、防台
46SJ	13号沙角锚地	113°38′34″E 22°45′06″N	半径0.37	11	沙泥	货轮作业、防台
45SJ	12号沙角锚地	113°38′50″E 22°44′46″N	半径0.37	10.3	沙泥	货轮锚泊、防台
42SJ	9号沙角锚地	113°40′22″E 22°43′44″N	半径0.37	13.7	沙泥	货轮作业、防台

续上表

编号	锚地名称	位置	范围(km)	水深(m)	底质	用途
41SJ	8 号沙角锚地	113°40′39″E 22°43′23″N	半径 0.37	13.8	沙泥	货轮作业、防台
40SJ	7 号沙角锚地	113°40′50″E 22°42′58″N	半径 0.37	10.5	岩	油轮作业、防台
39SJ	6 号沙角锚地	113°41′06″E 22°42′37″N	半径 0.37	11.3	沙泥	油轮作业、防台
No28LD	1 号内伶西南锚地	113°46′36″E 22°24′00″N	半径 0.5	5.3	泥底	危险品船及液化气船应急、防台
No22DY	大屿山 Y2 锚地	113°48′16″E 22°13′12″N	半径 0.796	19	泥沙底	油轮作业、候泊、防台
No21DY	大屿山 Y1 锚地	113°48′22″E 22°12′20″N	半径 0.796	19	泥沙底	油轮作业、候泊、防台

4)水文气象

以广州港为例,其具体水文气象参数如下:

温度:该港属于亚热带气候,夏季炎热多雨,冬季温和,年平均气温 21.9℃,7 月气温最高,月平均气温 28.4℃,极端最高气温 38.2℃;1 月气温最低,月平均气温 13.4℃,极端最低气温 -0.5℃。历年日平均最高气温在 30℃以上的有 131.8 天,在 35℃以上的有 4.9 天。

降水:年平均降水量 1774.1mm,4 ~9 月为雨季,平均降水量 1365.1mm,占全年降水量的 80%,其中 5 月、6 月降水量占全年降水量的 33%,历年最大降水量为 2394.9mm,历年最小降水量为 972.2mm。

风速风向:该港 4 ~8 月多偏东风,9 月至次年 3 月多偏北风,冬、春季 50% 左右为北风,年平均风速 1.9m/s。大于或等于 6 级的大风年平均为 60.4 天,历年最大风速 35.4m/s。影响船舶安全的主要有雷雨大风、台风和寒潮大风。雷雨大风多发生在珠江口门以内,年平均为 39 天,其中 5 月最多,月平均 7 天左右。台风在本地区登陆年平均 1.3次(最多是 1964 年共 5 次),台风登陆最早于 4 月中旬,最迟到 11 月中旬,6 ~9 月是台风盛行期。寒潮风力强劲,海浪较大,持续时间较长,但风力较稳定,规律性较强。

湿度:年平均相对湿度约 78%,4 ~6 月相对湿度最大,约为 85%;12 月相对湿度最小,约为 67%。

气压:年平均气压 1012.5hPa。12 月和 1 月气压最高,为 1020.4hPa;8 月气压最低,为 1004.3hPa。

雾:年平均有雾 25 天,最多 36 天,其中 3 月雾最多,平均为 9 天,最多达 15 天。雾一般出现在清晨至9时之间,日出即散。近年来,灰霾现象在广东呈扩散并逐渐增加的趋势,灰霾天气年平均100天,2007年12月出现连续22个灰霾日。灰霾天气能见度不高,对船舶航行安全也会造成一定影响。

潮汐:该港为不规则半日混合潮港,历年最高潮位3.87m(1967年7月29日),历年最低潮位-0.24m(1968年8月21日),平均高潮位2.4m,平均低潮位0.8m,平均潮位为1.6m;平均潮差1.6m,最大潮差3.4m(验潮零点为新沙理论深度基准面,在黄海基准面下1.1m)。潮位的涨落受上游的雨量、洪水及风的影响,每年5~9月为洪水期。广州港在舢板洲、坭洲头和赤沙水道设有验潮水尺。

潮流:该港的潮流为往复流,虎门以内的潮流沿江道方向流动,涨潮流速一般为1.5~2kn,大潮时可达2.5kn;落潮流速一般为3.3kn,洪水期可达2.8kn。虎门以外,舢板洲东南方约2.4n mile处涨潮为北偏东流,流速2.5kn;落潮为东南流,流速3.9kn。伶仃水道,涨潮时为东北流,落潮时为东南流;落潮流速大于涨潮流速,落潮历时长于涨潮历时;涨潮流速2kn,大潮时可达2.5kn,落潮流速2.5kn,大潮时可达3.5kn。在内伶仃岛西端牛利角南方4.8n mile处,涨潮为北偏西流,流速1.7kn;落潮为南偏东流,流速3.5kn。

3.3 现场施工技术准备

浮式风机现场施工主要包括桩锚沉桩、锚链铺设和系泊系统链接浮式平台,在施工开展前需要对目标海域开展施工测量和海底扫测,并对水文气象、工程地质、交通运输、物资补给、船机设备开展调研。

3.3.1 施工测量

施工测量主要内容包括:各施工船舶定位、沉桩监测、桩顶标高测量、锚链铺设路径监测、饱和潜水设备及潜水人员的定位、浮式平台定位、锚链张力监测。各项测量内容如下:

1. 控制点复测

在业主移交控制点后,对移交的控制点进行复测。

2. 接长段初始标定

桩锚接长段与其刚性连接在一起,因此桩锚自沉时可以通过监测接长段的状态,反映桩锚基础的姿态。

3. 船舶定位

现场施工船舶的定位工作,主要包括抛锚定位、施工就位、船位监控等。

4. 沉桩监测

沉桩监测主要包括钢桩垂直度和桩顶高程监测。

5. 锚链离船点及铺设路径监测

内容主要包括锚链离船点是否位置正确、锚链铺设过程中实时监测铺设路径与设计路径是否重合。

6. 潜水设备及潜水员定位

饱和潜水作业过程中,需要实时监测潜水员及设备在水下的方位。

7. 浮式平台定位

测量浮式平台的坐标、方位、倾斜度和运动,其中坐标与方位辅助浮式平台的定位工作;倾斜度用于辅助现场管理人员对其移船、压载等施工过程中的指挥,通过专业的测量软件对浮式平台进行建模,实时显示在主作业船操控系统上。

8. 锚链张力监测

锚机可通过测量顶升油缸压力和止链器闸刀销轴传感器,监控测量锚链张力并通过数字显示,还可通过锚机以及止链器给出的数据进行锚链张力的调整。

3.3.2 海底扫测

施工前对施工海域的最浅水深、水下障碍物位置开展测量。用扫海船艇拖曳扫海工具,在需扫测水域或航道内开展往返扫测,每次扫测面积应有 1/3 ~ 1/2 重叠,主要测量现场大潮期分层水流流速、海底地貌以及地质情况。

风电场基础施工前,采用多波束测深系统对目标海域进行水下地形扫测,确保海床上没有残骸或其他障碍物。扫测后如果发现海床不规则,如地形起伏较大或有水下障碍物,需要对海床进行整平,结束后再次进行扫测。锚链铺设完成后,需要对水下锚链状态进行扫测,确认其准确的位置和水下路由形态。

本项目水下地形测量采用 Sonic 2024 高分辨率浅水多波束测深系统，为全球首台采用宽带高分辨率的浅水多波束测深仪，量程分辨率为1.25cm，在10°~160°范围内，可以根据实际作业情况灵活选择合适的覆盖角度，主要要求如下：

(1)深度基准：理论最低潮位面；

(2)平面控制系统：CGCS2000 坐标系；

(3)扫测范围：桩锚及锚链100m外全覆盖。

3.3.3 水文气象

需要调研安装场地的气候概况(常年风速风向、热带气旋影响情况、大雾天情况、气压、气温、降水、极端天气等)、潮汐特征、潮流特征、海浪等基本水文气象参数，保证施工的时间进度和安全性。

3.3.4 工程地质

需要调研安装场地的工程地质条件，主要包括地形地貌、地层岩性、地质构造、地震、水文地质等。选择工程地质条件优良的地点，分析和解决主要工程地质问题，提出保证施工的稳定性和安全性的处理措施等。

3.3.5 交通运输

需要考虑目标施工场地的水陆交通是否便利，是否满足工程材料、构件设备陆上运输以及水陆联运的要求。

(1)大件设备海上运输应严格按照设备厂家出具的海上运输要求，转运前应制定详细装载计划，根据设备重量、尺寸、重心和吊点的准确位置等，确定设备在甲板上的积载位置；

(2)大件设备海上运输前，应对大件设备所有活动的附属构件、安装在上部模块上的吊装索具、操作平台等构件进行临时加固，以保证在运输过程中，任何附属构件不发生过大的变形、结构损坏及移位；

(3)海上运输航行期间，应定期检查船舶的主要设备，如救生设备、消防设施、防泄漏装置、轮机设备、电气设备等，并做好相关记录。夜间运输时要设置必要的灯光信号，提醒往来船舶多加注意；

(4)海上运输航行期间,船舶航行作业的气象、海况控制条件应根据船舶配置条件及性能、设备技术要求等综合考虑后确定;

(5)运输船舶应具有足够的锚泊能力,锚泊设备应处于良好的技术状态;

(6)大件设备装卸作业,吊索套挂牢固后,由起重指挥、起重司机、司索工协调配合起重机缓慢起升试吊,起升高度以20cm左右为宜。检查物料绑扎和吊索具状态,确认正常后,发出继续起升信号;

(7)租赁船舶入场前,应进行资格审查及现场验收,并对船舶证书、船舶保险及船舶运载能力、起重船的起重性能曲线图进行安全备案。

3.3.6 物资补给

保证有充足的物资储备,并做好应急物资保证计划,保障急需物资的及时供应。做好机械材料维修物资的供应计划,对于一些需要在后场维修的机械设备,应及时采购物资,并由专人负责监督设备的维修进度,做到来之即修,修完即送至施工现场。所有物资的供应均应符合设计和规范、标准要求,并得到项目部的同意。

3.3.7 索具供应

结合各环节施工方案、桩锚结构形式、桩锚吊点选择及吊耳形式、浮体拖曳眼板形式、浮体拖航阻力等,合理选用吊索具,同时注意吊索具之间的匹配性,必要时可增加备用吊索具,并提前做好吊索具采购计划,保证吊索具的现场供应。施工过程中,注意吊索具的保护及归类,尽量减少吊索具发生损坏及遗失的现象。

3.3.8 船机设备

提前完成现场施工设备进场调试,保证施工进度。结合现场气象水文条件,选择满足适合施工作业的船舶进行作业。在整个施工过程中,合理编制船机使用计划,加强船机设备使用、维护、保养等管理,做好船机配件的管理,有效保证工程施工。在受台风避风等影响导致停工时,合理安排船机设备的检修及日常保养,从而在窗口期施工时保证船机设备可以正常施工,并发挥最大功效。

3.3.9 案例应用

以某漂浮式风机为工程背景,对上述施工准备过程进行说明。

3.3.9.1 施工测量

1. 控制点复测

控制点复测采用 CORS 和星站差分 GPS 相结合的方式。

作业前应对所有投入使用的仪器设备均进行校核，保证设备在检核的有效期内使用，并在作业期间按要求，对设备进行检查和维护。

复核方法如下：

(1)用广东 CORS 在所提供的控制点上测量坐标；

(2)根据测量结果，检核业主提供的坐标转换参数，并计算大地高改正数。

复测完成后出具控制点复测报告。

开工前，本项目中所有 GPS 设备均应在控制点上进行校核。

2. 接长段初始标定

在接长段出厂制作完成前，需要对测量设备安装偏移和初始垂直度进行标定测量，并在接长段桩顶放样出桩锚基础的艏向指示线。采用全站仪对桩顶中心位置、艏向指示线、拟安装的倾斜仪位置等进行测量，建立桩锚基础坐标系。将倾斜仪安装在桩身某位置，同步进行垂直度数据采集，从而计算出桩锚基础的初始垂直度改正值，完成倾斜仪的标定工作。结合设计图纸建立桩锚基础模型，将其形状、偏移、标定参数等属性配置进入导航工程，用于后期桩锚基础海上安装指导。

3. 船舶定位

(1)施工船舶定位采用 DGPS 和陀螺罗经等设备，以图形化的方式实时显示船舶的位置和各种背景底图，接收多种设备的数据，采用网络的方式对数据进行集成和共享，实现多终端的界面显示；

(2)在桩锚沉桩前，主作业船开始就位于设计位置附近，根据现场海流方向及风向情况，与船长、项目管理人员设计船平面位置和船首向，进行锚位及船位设计；

(3)在导航软件的指挥下开始就位，包括平面位置和船首向。定位人员将设计锚位发送至抛锚拖轮导航系统，引导拖轮抛锚；

(4)抛锚结束后将具体锚位反馈给主施工船上的定位系统，在软件中使主船实时显示各个锚位坐标，控制在误差允许范围内；

(5)施工过程中，定位系统还可以监控船位，防止船舶走锚。

4. 沉桩监测

沉桩监测主要包括垂直度和高程监测。

1)垂直度监测

采用水平靠尺和全站仪切边法相结合,测量桩锚边线垂直度,切边法如图 3-2 所示。

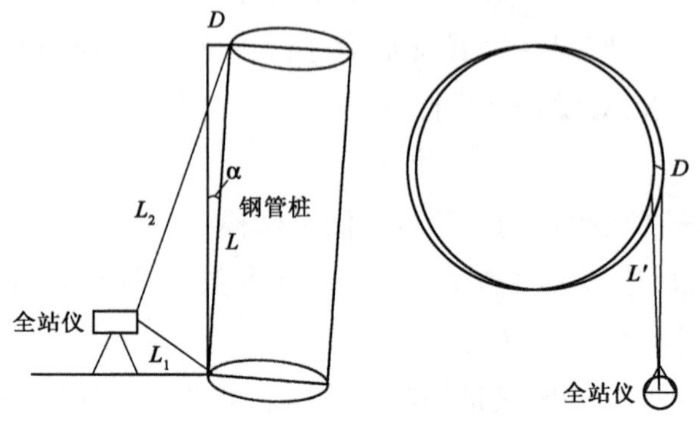

图 3-2　垂直观测示意图

(1)在起重船甲板面合适位置架设 2 台全站仪;

(2)测量时先校准全站仪水平度,对准桩锚上口边线,然后锁定水平度盘;

(3)垂直转动仪器,测量下部视点(视线极限)的偏距。根据偏距及切边长度来计算桩身垂直度;

(4)为了消除仪器误差,每次测完后,2 台仪器交换位置,再观测一次;

(5)工程桩垂直度通过卡桩器顶出长度,调整套筒内单桩间隙,以此调节单桩垂直度在控制设计范围内。

如图 3-2 所示,L 为上视点与下视点距离,D 为上视点偏移距离,此时单桩垂直度计算公式如公式(3-1)所示:

$$\tan\alpha = \frac{D}{L} \tag{3-1}$$

2)桩顶高程测量

桩锚桩顶高程测量采用高程传递法。

(1)沉桩时,采用 DGPS 测量宇航起重 3000 甲板面高程;

(2)架设全站仪后,测量出全站仪相对甲板面高度;

(3)通过全站仪采用无棱镜模式测量标记位置(液压锤)高度,通过测算得出液压锤标记位置高程,最终反算出桩锚顶高程;

(4)由于宇航起重 3000 存在摇晃的情况,高程测量误差较大,因此以上方式仅作为沉桩过程中桩锚桩顶高程的辅助测量方式;

(5)当桩锚沉桩至距离设计高程 500mm 时,在接长段合适水尺位置安装 DGPS,实测水尺实时高程，采用高程传递法，计算出桩锚桩顶高程，从而完成沉桩验收。

起重船高程为 H，全站仪相对甲板面高度为 H_1，标记点距离全站仪高度为 H_2，标记点与桩顶间距为 L，桩顶高程为 H_0，如公式(3-2)所示：

$$H_0 = H + H_1 + H_2 - L \tag{3-2}$$

3)锚链离船点及铺设路径监测

(1)在进行锚链下水作业时，锚链离船点在 GPS 的辅助下，可准确地对准海底 10m 预铺锚链，以确保水下对接能顺利完成；

(2)锚链铺设定位过程是将施工船舶艏向调成与桩锚至浮式平台垂直的方向，将桩锚至浮式平台的连线作为施工船的计划航线，通过调整船位，使锚链铺设点位于计划航线上，并实时显示与计划性的左右偏差。同时，可通过 ROV 水下测量设备，进行锚链线型的观测。

4)潜水设备及潜水员定位

饱和潜水的过程中，潜水钟内需要置入信标，以确保潜水钟下放到指定作业地点。潜水员作业时，也需要携带信标，保证对接作业的安全与准确。

3.3.9.2 海底扫测

1. 外业扫测调查

1)仪器安装调试

多波束测深仪支架拟采用船侧舷安装，选择测量船重心附近的船舷位置(约 1/2 船长处)，从而使仪器能远离船主机、泵和螺旋桨，有效避免测量船摇摆及噪声干扰。

单波束测深仪支架安装在多波束测深仪前方，避免多波束尾流对单波束测深造成干扰。单波束测深仪换能器入水深度不超过多波束测深仪换能器。

选择测量船甲板平整、结实处安装光纤罗经，调整光纤罗经位置，使其方位角与测量船艏艉线保持一致。

以多波束换能器安装杆与水面交点作为参考原点建立船体坐标系，定义船右舷方向为 X 轴正方向，船头方向为 Y 轴正方向，垂直向上为 Z 轴正方向，精确量取各传感器相对于参考原点的偏移量(读数至 0.01m)，往返各测量一次并取平均值，输入采集软件中。

安装完毕后，对多波束测深系统进行下水测试，确保各传感器工作正常。

2)设备动态校准

为了确定换能器的初始安装角度，多波束系统换能器安装偏差值必须精确地确定，

以便采集软件进行必要的补偿。每次当换能器安装杆重新收放后，都必须重新进行安装角度的校准。

在做动态校准之前，应在测区进行声速剖面数据的采集。

选择合适区域进行多波束参数校准测定作业。通过海底平坦海区以同线反向同速，测得 2 条带断面测量数据测试系统横摇值(Roll)；通过水深变化大的测区边缘同线反向同速，测得 2 条带的中央波束数据测试系统纵摇值(Pitch)；通过水深变化大的测区边缘异线(间距为覆盖宽度的 2/3 的两条测线)同速反向，测得 2 条带的多波束边缘数据测试系统首摇值(Yaw)。R2Sonic 2024 多波束系统采用 PPS 时间同步，不需要进行时延(Latency)的校准。

3)声速测量

由于水中压强、温度的变化，导致水声信号在水中的传播速度在不同季节、江段、深度条件下，会不断产生变化，且不同水域之间的声速变化亦不同。因此每次测量在测线开始前、结束后以及早、中、晚均应进行声速测量。声速测量采用上下复测法，开始时声速剖面仪在水面下稳定 3min，之后缓慢下放使声速剖面仪均匀达到江底后进行回收。下放和回收采用匀速，小于 0.5m/s。

表面声速作为多波束测深仪波束导向，输入声呐控制软件中。声速剖面数据用于在后处理软件中对水深数据进行声速改正。

4)潮位观测

潮位控制采用岸边验潮与现场临时验潮同步进行。在岸边设立验潮站，在多波束测量作业过程开始前 30min 至结束后 30min 进行水位观测，观测间隔 10min。现场抛掷 RBR 验潮仪，建立临时验潮站，作业过程中为岸边验潮站进行同步观测。

水位数据用于在数据后处理软件中，对水深数据进行潮位改正。

5)计划线布设

计划线布设间隔为实时水深的 2.5 倍，将测量范围沿风机基础边线各外推 50m。

在多波束测量的同时，进行单波束测量。另外根据规范要求，应在垂直于多波束测线方向均匀布设单波束检查计划线，总长度不少于对应区域多波束测线 km 数的 5%。

6)多波束测量

采用 HYPACK 2018 软件进行多波束测线导航，采用 RESON PDS2000 软件进行多波束水深数据采集。

严格按照技术要求进行测量作业，对多波束水深剖面数据及 120°多波束开角的有效波束进行实时监控,以确保多波束现场采集的数据质量和有效覆盖宽度;现场及时调整量程,以保证有效覆盖宽度,同时实时对水深数据进行深度滤波,剔除飞点,使采集的水深数据准确有效。

7)单波束测量

采用 HYPACK 2008 软件进行单波束测线导航,采用 HYPACK 2008 软件进行单波束水深数据采集。

2. 内业数据处理

1)数据处理

多波束数据处理采用加拿大 CARIS 公司生产的专业多波束处理软件 CARIS HIPS 6.1。

在 HIPS 软件中,作业过程如下:

用 CARIS HIPS 6.1 软件对多波束水深数据进行人机交互清理(Line Mode 和 Subset Mode),剔除粗差,过滤虚假信号。

进行声速改正和潮位改正。

做 Subset Mode 下的数据清理:根据测区测线布设情况,平均每 4~6 条测线为一组,逐区进行数据清理。

水深压缩:多波束系统采集水深数据量极大,因而在开始制图编绘工作之前,需压缩相互重叠或超稠密的水深。压缩时保留最浅水深,水深间距为图上 4mm。

单波束数据处理采用 HYPACK 2008 进行,比对水深打印卷,删除飞点,调入声速及水位数据,按比例尺进行抽稀后,输出至 CAD 中。

2)成果质量检查

对于水深测量成果,应由项目组进行一级质量检查,在现场设立质检部门进行二级检查。

3)数据成果

依据多波束测量数据,获得风场区域水下地形图,编制成果报告。

3. 成果报告

本项目施工海域处在琼州海峡,具备流速快的特点,对水下作业及船舶就位会产生较大影响,采用哨兵型自容式声学多普勒海流剖面仪(ADCP)测量施工海域分层流速。根据前期测量结果显示,作业海域潮流以全日潮流为主,分层流速测量结果显示,最大流速位于落潮期间的表层,最大值为 229cm/s,流向为 71°(大潮期测量值);垂线平均在

落潮期间平均最大流速为185cm/s，流向为71°（大潮期测量值），流速监测、表层流速流向过程线图及垂线平均流速流向过程线图如图3-3和图3-4所示。

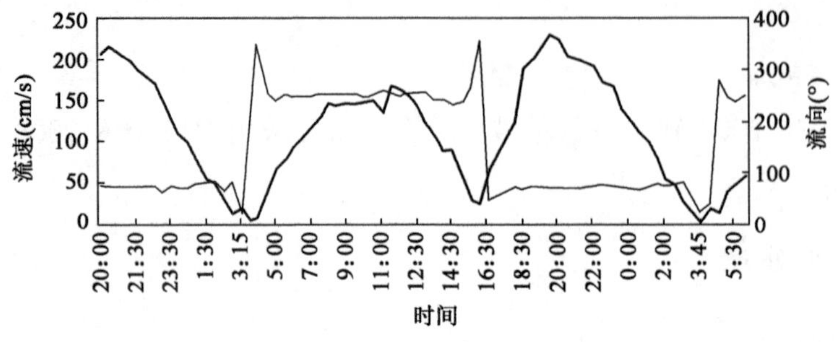

图3-3　表层流速流向过程线图

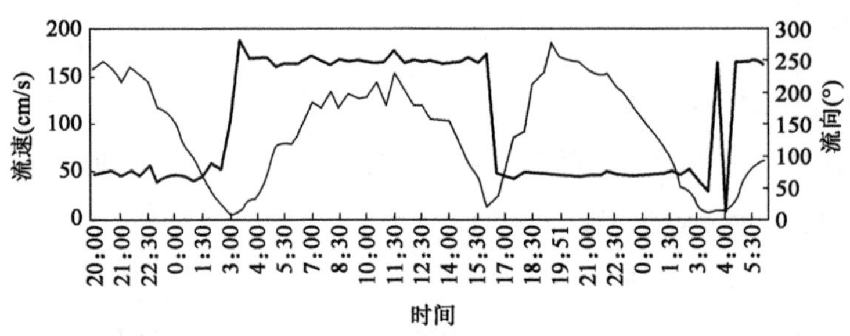

图3-4　垂线平均流速流向过程线图

3.3.9.3　水文气象

本项目的建设场址位于湛江罗斗沙海域，所在海区的潮汐现象主要由太平洋潮波经巴士海峡和巴林塘海峡进入南海后形成。风电场海域潮汐属于不正规半日潮，水位特征如表3-5所示。

特征水位（1985国家高程）　　表3-5

特征潮位	特征值(m)
极端高潮位(50年一遇)	3.76
极端低潮位(50年一遇)	-1.17
设计高潮位	2.16
设计低潮位	-0.53

1. 海浪

海域主要受西南季风、热带气旋、东北季风3种气候影响，波浪类型为风浪，以及风浪与涌浪的混合浪，其中混合浪出现概率为59.26%。受台风"韦帕"影响，周年最大波高与有效波高的极值分别为9.12m与5.46m，周年平均有效波高与平均波高分别为

1.17m与0.68m，周年平均周期为7.6s。

全年观测期间，观测海域的常浪向为东向，次常浪向为东南东向，频率分别为41.1%和26.1%；其次为南东向，频率17.1%；浪向主要分布在东北东～南东向之间；在其他方向出现频率较少，一般不超过4%。强浪向为东北东向，次强浪向为东向，主要由热带气旋造成。

全年观测期间，Hs-Ts主要分布在波高为0～2.0m、周期为4～7s的范围内，出现概率分别为89.53%和77.71%。具体的波浪条件见表3-6。

波浪条件 表3-6

特征潮位	特征值
50年一遇极大有效波高	$H_{s50}=5.62\text{m}$
50年一遇极大峰值周期	$T_{p50}=15\text{s}$
2年一遇极大有效波高	$H_{s2}=3.92\text{m}$
2年一遇极大峰值周期	$T_{p2}=10.10\text{s}$

2. *海流*

工程海区位于琼州海峡东出口处，受粤西海域和北部湾潮波系统的双重影响，兼具前进波和驻波性质，而且海峡东西口门潮波传入时间不同（一般相差4～5h），具有明显的往复流潮流特征。本项目夏季观测期间，工程海区各测站大、中、小潮的涨潮流向偏西方向运动，落潮流向偏东方向运动。

总体上涨潮流主要发生于南西、西南西这2个流向上，落潮流主要出现于北东、东北东、东这3个流向上。各测站涨潮平均流向为206°～251°之间，落潮平均流向为57°～81°之间。

大潮实测最大流速为1.79m/s，流向为227°；中潮实测最大流速为1.45m/s，流向为225°；小潮实测最大流速为1.09m/s，流向为69°。

根据本工程夏季全潮水文观测成果，工程海区各测站余流方向基本为西偏南方向，只有L3测点余流方向为偏南。余流垂线平均流速以L2测站为最大，为23cm/s，流向为202°；L6测站最小为6cm/s，流向为221°；最大余流出现在L2测站的表层，流速为29cm/s，流向为206°；最小余流出现在L3的底层，流速为1.3cm/s，流向为179°。

3. *泥沙*

夏季全潮观测期间实测涨、落潮平均含沙量分别为0.049kg/m³和0.073kg/m³，涨潮小于落潮。其中涨落潮平均含沙量，大、中、小潮逐次递减，分别为0.083kg/m³、0.070kg/m³、0.030kg/m³。

工程海区实测含沙量，大潮垂线平均含沙量在 0.033 ~ 0.190kg/m³ 之间；中潮垂线平均含沙量分布在 0.030 ~ 0.167kg/m³ 之间；小潮期间随潮水动力的减弱而导致含沙量锐减，其垂线平均含沙量分布在 0.024 ~ 0.035kg/m³ 之间。

夏季全潮观测期间，工程海区悬沙中值粒径介于 0.011 ~ 0.077mm 之间，大潮期间平均为 0.029mm，中潮期间平均为 0.029mm，小潮期间平均为 0.037mm，大、中、小潮平均为 0.031mm。各站平均中值粒径数值相差较小，最大值出现为 0.042mm，在 L4 测站；最小值为 0.024mm，在 L2 测站。

工程海区悬沙类型主要为粉砂、砂质粉砂和粉砂质砂。悬沙颗粒的组成以粉砂为主，平均含量为 71.01%；砂含量次之，为 26.49%；黏土含量最低，为 2.50%。工程海区表层沉积物以中砂为主，占 60.4%，其次为砾砂，占 12.5%，中砾和粉砂质砂各占6.3%，砂质粉砂占 4.2%，粗砂、中粗砂、粗粉砂、细粉砂和黏土质粉砂各占 2.1%。

4. 气候状况

湛江市地处北回归线以南，属于热带、亚热带过渡地区，为热带、亚热带海洋性季风气候，日照充足、光热丰富，雨量充沛、干湿明显，夏长冬短、无霜期，气候条件好。冬季偶有寒冷，夏秋之间有台风，暴雨频繁。根据湛江市气象科技信息服务中心提供的多年气象资料，并参考相关资料，对湛江海域的气候特征及各气象要素进行分析。

气温：湛江属于热带北缘气候，日照强烈、终年高温，长夏无冬、春早秋迟。温度年变化不大，日变化也较小。湛江海域多年平均气温 23.3℃，多年最高温度在 34.9 ~ 36.8℃之间，年最低温度在 4.7 ~ 8.2℃之间。月平均气温以 7 月最高，为 28.8℃；1 月最低，为 15.4℃。

降水：湛江地区年降水量相对丰富，各月均有降水，年降水日数平均为 136 天。根据气象资料显示，湛江海域多年平均降水量 1698.8mm。一般 4 ~ 9 月为雨季，占全年降水量的 84%；8 月多年平均降水量最大，为 333.8mm；1 月多年平均降水量最小，为 22.7mm。多年平均最大降水量为 2314.5mm（2001 年），年平均最小降水量为 1068.5mm（2004 年），日最大降水量为 297.5mm（2000 年 5 月 10 日）。多年平均降水日数 179 天，其中 2012 年降水日数最多，为 227 天；2007 年最少，为 150 天。

风速风向：湛江地区季节风明显，每年 4 ~ 9 月盛行东东南风，10 ~ 3 月盛行北风和偏东风。常风向为东风，频率为 17%；其次为东南东风，频率为 15.38%；无风频率占 2.23%。强风向为东南东风，平均风速为 3.69m/s；其次为北北西风，平均风速为 3.68m/s。年平均风速为 3.2m/s。沿海地带 6 ~ 9 月份易受台风影响 4 ~ 5 次，风力可达 10 ~ 11 级。风力 6 级以上年平均日数 72 天；风力 8 级以上年平均日数 7 天，1980 年达

18天。

湿度:湛江地处滨海,常年受到来自海洋的气流影响,湿度相对较大,年平均相对湿度为81.4%。春季相对湿度最大,3、4月份相对湿度接近90%;最小相对湿度出现在秋末冬初季节,11、12月最小,分别为66.7%、69.5%。

雷暴:湛江地区地处低纬度,三面临海,水气丰富,因地形及天气系统影响,成为全国雷暴多发区域。多年平均雷暴日数为75天,最多为93天(2012年),最少为65天(2000、2009年),主要集中在5~9月份。雷暴多半随着暴雨、大雨、大风发生,此外,阴天、一般雨天亦可能会出现,时间无固定规律,可根据具体情况终止相关易受雷暴影响的行业作业。

5. 海洋灾害

该海域出现的主要灾害性天气有热带气旋、风暴潮、地震、赤潮等,这些灾害性天气对项目的建设施工与正常营运,会造成一定的影响。

热带气旋:湛江市三面临海,与多数过境热带气旋路线正交,是受热带气旋影响最多和最严重的地区之一。根据中国气象局编写、气象出版社出版的台风年鉴等资料统计,平均每年有1.9个热带气旋影响湛江地区,年最多为5个(1965、1973和1974年),没有热带气旋影响的有7年。热带气旋8月出现最多,占27%;其次是9月,占24%;且危害湛江特别严重的台风多数也发生在7~9月份。每年的5~11月均有热带气旋影响湛江地区,1949~2012年,热带气旋达到超强台风的有16个、强台风21个、台风35个。

风暴潮:湛江海域风暴潮发生次数多、强度大、连续性明显,影响范围广,突发性强,造成的灾害损失大。工程水域的风暴增水年均约3.9次(其中台风增水约2次),多出现于4~12月,8、9月份发生次数最多。台风在湛江港及其西南方向登陆时,主要造成正的风暴增水;台风在湛江港东面登陆时,造成的正增水比较小,台风登陆后还会出现负增水。影响和侵袭湛江的热带气旋,大部分(约63%)来自西北太平洋,经巴士海峡进入南海,一路西行登陆粤西至海南岛东北部。多数热带气旋强度大,影响范围广;少部分来自南海的热带气旋,生成快,移动路径曲折多变,因距离岸线较近,从生成到登陆时间短。

3.3.9.4 工程地质

1. 地形地貌

本项目属于近海风电场,场址位于湛江市徐闻县罗斗沙岛东南的近海区域。风场

区位于水下岸坡地貌单元上，场区内地势变化较大，水深为40～70m，地形总体为北低南高。场区内主要发育呈北北西—南南东展布的狭长状沙丘，个别沙丘起伏高差达15m。

根据区域地质资料，风电场场址位于锦盒凹陷带上。高凹陷分布于和安、锦和、新寮岛、外罗等地，呈北东—南西向展布，向北东深入海中。构造运动主要受东西、北东向两组断裂控制，西海岸上升较剧烈，海蚀阶地较发育，东海岸上升比较缓慢，砂堤、砂地和砂岛比较发育，近代地壳以垂直升降运动为主，地壳未见明显的构造痕迹出露，场地及其附近地质构造属较稳定区。

2. 地质分层

场区内自上而下的地层，第一组地层主要为全新世地层覆盖，上部为松散～稍密的中、粗、砾砂，下部为中密～密实中、粗、砾砂层。第二组地层为第四系早更新统湛江组地层，黏土、粉质黏土、粉土和砂土交互分布，其中以粉质黏土和粉土为主，砂层呈夹层状、透镜体状分布于粉质黏土和粉土层中。各层根据工程性质的差异，分为若干个亚层。风电场钻孔深度范围内主要为全新世海相沉积层、早更新世海陆过渡相沉积层(Q4m和Q1m＋al)。风电场岩土体分层情况如表3-7所示。

工程岩土体分层表　　表3-7

序号	岩土名称	岩土层编号	地层时代及成因
1	中砂	$①_1$	全新世海相沉积层(Q4m)
2	中砂	$①_{1-1}$	
3	中砂	$①_{1-2}$	
4	粗砂	$①_{2-2}$	
5	砾砂	$①_3$	
6	砾砂	$①_{3-1}$	
7	黏土	②	早更新世海陆过渡相沉积层(Q4m和Q1m＋al)
8	粉质黏土	③	
9	粉土	$③_1$	
10	粉质黏土	$③_2$	

3.3.9.5 交通运输

本风电场位于湛江市徐闻县东面海域，工程所处的湛江市水陆交通便利，可满足工程材料、构件设备的陆上运输需要。施工过程中，可采取水陆联运的方式，将材料、构件设备等直接运输到施工基地及海上施工现场。

CHAPTER 4 第四章

桩锚基础施工的技术论证与实践

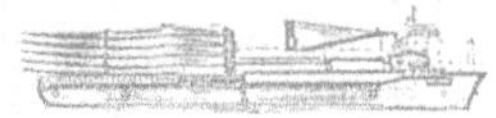

4.1 桩锚基础施工的技术要点

4.1.1 桩锚基础主要构造

桩锚基础是浮式风机主体结构中极为重要的一环。其形式一般设计为钢管桩，同时包括系泊吊耳以及锚链。为方便现场沉桩，增加沉桩施工的可靠性及安全性，在永久钢管桩上对安装接长替打段。

锚链属于系泊系统，一般采用悬链线式布局。为方便锚链铺设工作，通常会设置引链，并提前运至加工厂在钢管出运前进行挂设。

4.1.2 施工方法简介

施工前应分析本工程的施工特点，制定科学合理的施工工艺，在确保工程质量的前提下，努力提高作业效率，加快施工进度。

主要施工过程为：桩锚(包含接长替打段)在钢结构厂加工制作，完成后在后场挂设引链，并装船发运至施工水域。现场采用液压锤、水上定位导向架配合起重船进行翻桩和沉桩工作。沉桩完成后，潜水员配合引链铺设和水下割桩。

4.1.3 技术要点

1. 吊索具挂设

海上风电超长钢管桩的吊装过程一般在风、浪共同作用条件下进行船机协同作业，起重船的稳定性能易受到影响。起重吊装前，通过计算确定吊点位置，避免非人为因素对桩身垂直度和完好性的影响。同时应对吊索具挂设时的工艺进行设计，以提高海上风电工程建设中吊装工作效率以及提升安全保障能力。

2. 施工地质

海域施工由于地质情况较为复杂，桩锚沉桩施工时可能出现打入夹层、溜桩、桩身过大倾斜、移位、严重回弹、贯入异常、钢管桩预制长度不足等情况。施工前仔细查阅设计提供的详细地勘报告，分析地层起伏规律，标注需重点注意的覆盖层浅或者具有夹层的区域，在施工时加以关注。

3. 沉桩定位

海上施工测量难度较大，桩锚沉桩定位是施工重点。应制定详细的测量方案，过程中由专业测量技术人员观测，加强过程监控，实时调整，按实记录，保证数据准确性与完整性，确保沉桩施工精度。

4. 钢管桩参数（钢管桩重量、重心）

钢管桩参数为沉桩施工最为基础的要点，主要包括钢管桩尺寸、钢管桩重量以及钢管桩重心等。施工工艺、吊索具选型，吊点布置等均需根据钢管桩基础参数进行确认。前期需加强与设计单位以及建设单位对钢管桩设计的沟通，确保得到最详细的钢管桩参数。此外，进行钢管桩制造时，应安排专人前往钢结构制造厂，保证钢管桩制造质量。

5. 吊点设置

超长钢管桩刚度较小、易变形，需对吊点布置形式进行合理设计，避免吊装过程中发生钢管桩变形。以水平起吊过程中的钢管桩挠度为控制点，通过 MIDAS CIVIL 对拟定吊点布置形式进行模拟，并计算出相应钢管桩挠度，最终得出可满足要求的吊点布置区间，随后根据船舶参数，所用吊索具等对吊点布置进行最终确认。

6. 吊索具选型

进行吊索具选型时，综合考虑施工工艺、吊点布置、吊耳形式以及钢管桩参数等因素。在保证施工安全的前提下，以成本控制为主，施工便捷性为辅，对吊索具进行选择，确保吊索具配置的合理性。

7. 吊耳设计

综合考虑吊耳承载力、施工便捷性等，对吊耳形式进行初步拟定；随后，根据《化工设备吊耳设计选用规范》（HG/T 21574—2018）附录 A 对吊耳强度、焊缝强度进行校核。经过反复的吊耳形式拟定与校核，最终设计出合适的吊耳形式。

8. 沉桩分析

使用基于波动方程分析方法的 GREWEAP 软件，根据钢管桩参数、地质资料等对沉桩过程进行模拟分析，准确判断出沉桩过程中可能出现打入夹层、溜桩、严重回弹等现象的钢管桩入泥深度，并分析原因，提出解决措施，确保沉桩施工的安全。

9. 桩锤选择

选择合适规格的液压打桩锤，不仅关系到沉桩过程风险控制，并且决定了沉桩质量和工效。首先根据钢管桩参数并结合国内市场，锁定可满足要求的液压锤；随后根据软件分析各液压锤沉积过程中的锤击数、桩身应力变化情况以及可能出现的问题，根据沉桩的难易程度、质量控制、所需能量等综合因素，最终选择合适的液压锤。

4.1.4 案例应用

以某漂浮式风机为工程背景，对上述桩锚基础施工方法简介和技术要点进行说明。

1. 施工方法简介

该工程项目中，结合地勘资料以及锚链回接顺序，确定桩锚施工顺序。其桩锚沉桩施工工艺流程如图4-1所示。

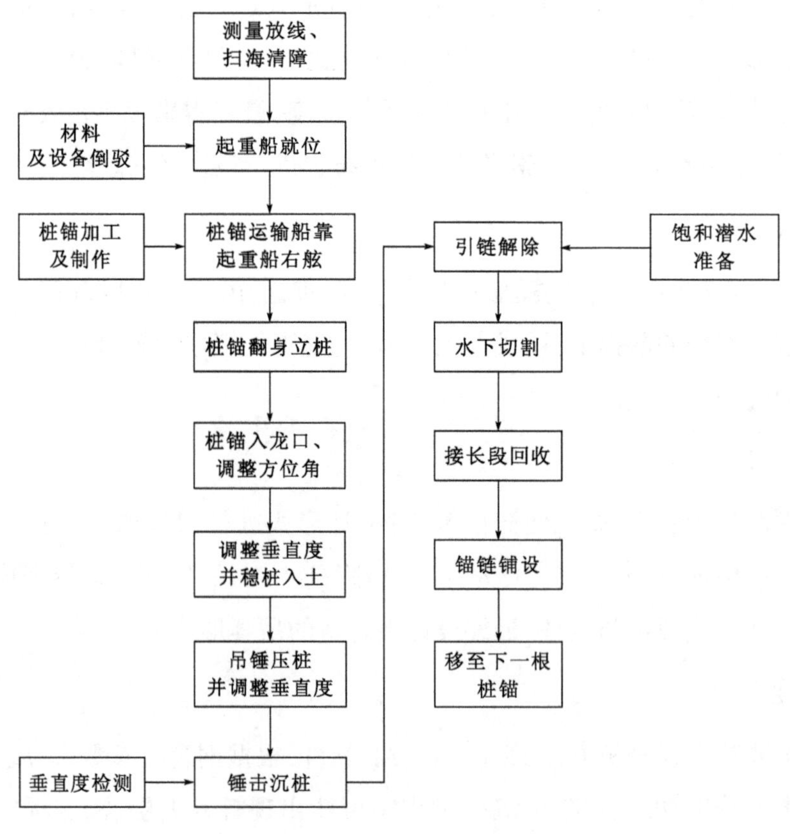

图4-1 施工工艺流程图

2. 吊索具挂设

挂设吊索具时,首先下放起重船的 2 个主钩,将吊装所用的吊索具及钢丝绳挂在对应的主钩上。无接头绳圈打双作为平衡梁上吊点,使用索具钩将平衡梁上吊点挂到主钩 2 的左右钩齿上,再将溜尾吊带一端通过卸扣连接,另一端挂到主钩 1 的钩齿上。溜尾吊点挂设完成后旋转臂架,平衡梁下吊点的 2 条钢丝绳分别挂设在桩锚上的 2 个管式吊耳上。技术人员检查 2 个管式吊耳连线与起重船甲板垂直后,完成桩锚吊点挂设。

计算得出工程桩的重心位置为由桩底方向平移 24m,即溜尾吊带挂设处。溜尾吊带挂设时,先通过索具钩的配合,将带子缠绕 2 圈,在正上方安装好卸扣。此过程需注意卸扣安装完成后的位置应尽量居中,以避免工程桩在起吊过程中吊带的受力方向与工程桩的受力方向不共线,产生扭矩使工程桩在空中出现姿态失衡等问题。

3. 沉桩定位

整个沉桩过程中,确保沉桩垂直度可控制在 0.5% 以内,满足设计要求。采用水平尺和全站仪相结合的方式,实时监控桩锚垂直度。

同时对施工船舶进行定位,采用 DGPS 和陀螺罗经等设备,以及“海洋工程施工船舶管理系统”实现定位。

对桩锚基础高程进行严格控制。通过观察水面在桩身刻度线、实时水深等数据,预估桩锚基础入泥深度。待桩锚基础入泥深度达到设计要求前约 1m 时,利用 GDPS 和全站仪反复测量桩顶高程,反算出桩锚入泥深度是否在设计要求范围内。

4. 重心计算

大型桩锚双钩吊装起吊时,将双钩中心与桩锚重心对齐,可使桩锚首尾部所受轴向力平衡,有效避免水平起吊过程中的偏荡现象。根据公式(4-1)计算桩锚重心位置:

$$x = \frac{\sum M_i x_i}{M} \tag{4-1}$$

式中:x——重心至桩底的距离;

M_i——第 i 个分块重量;

x_i——第 i 个分块重心与桩底的距离;

M——钢管桩总重。

5. 吊点布置设计

影响吊点布置的主要因素为吊装过程中桩锚的挠度。采用有限元分析软件 MIDAS CIVIL 进行桩锚挠度计算,全部单元均采用梁单元模拟。

根据对钢管桩双钩转体吊装的模拟分析，以钢管桩呈水平状态时的挠度，作为吊点间距设计的控制依据。判断标准根据《钢结构设计规范》(GB 50017—2003)附录B第4点主梁与桁架的挠度允许值为 $L/400$，L 为受弯构件跨度。

6. 上吊点吊耳形式设计

1) 管式吊耳形式

完成钢管桩双钩转体吊装后，需在空中完成上吊点的解钩作业。考虑到耳板吊耳不易脱钩，选择管式吊耳形式作为上吊点吊耳。

2) 吊耳容许荷载

将吊索具平行布置进行钢管桩吊装作业，避免吊耳承受侧向荷载。则吊耳容许荷载根据公式(4-2)进行计算：

$$P = \frac{CD}{n} \tag{4-2}$$

式中：P——吊耳允许负荷；

D——起重量；

C——不均匀系数，取 $C = 1.5 \sim 2$。由于安全系数已经取2，因此不均匀系数取 $C = 1$；

n——同时受力的吊耳数量。为保守起见，取 $n = 1$。

3) 吊耳强度校核

见公式(4-3)、公式(4-4)：

$$[\sigma] = \frac{\sigma_s}{K} \tag{4-3}$$

$$[\tau] = 0.6[\sigma] \tag{4-4}$$

式中：$[\sigma]$——材料容许正应力(MPa)；

K——安全系数，一般取 $K = 1.6$；

σ_s——钢材屈服极限。

根据公式(4-5)计算吊耳横向应力：

$$\sigma_x = \frac{P_x}{\pi(D - S)S} \tag{4-5}$$

根据公式(4-6)计算吊耳剪应力：

$$\tau = \frac{P_y}{\pi(D - S)S} \tag{4-6}$$

根据公式(4-7)计算弯曲应力：

$$\sigma_b = \frac{32DP_yL}{\pi[D^4 - (D - 2S)^4]} \tag{4-7}$$

式中：D——耳轴外径；

S——耳轴厚度；

L——耳轴计算长度。

根据公式计算得到组合应力，见公式(4-8)～公式(4-10)：

$$\sigma_x + \sigma_y \leqslant [\sigma] \tag{4-8}$$

$$\sigma_c = \sqrt{(\sigma_x + \sigma_b)^2 + \tau^2} \leqslant [\sigma] \tag{4-9}$$

4)吊耳焊缝强度校核

见公式(4-10)：

$$[\tau] = 0.7[\sigma] \tag{4-10}$$

吊耳截面积见公式(4-11)～公式(4-13)：

$$A = \pi(D - S)S \tag{4-11}$$

$$I_z = \pi\left(\frac{D}{2} - \frac{S}{2}\right)^3 S \tag{4-12}$$

$$S_z = 2\left(\frac{D - S}{2}\right)^2 S \tag{4-13}$$

吊耳正应力见公式(4-14)、公式(4-15)：

$$\sigma_x = \frac{P_x}{A} \tag{4-14}$$

$$\sigma_y = \frac{P_y bL}{2I_z} \tag{4-15}$$

合成正应力见公式(4-16)：

$$\sigma = \sigma_x + \sigma_y \tag{4-16}$$

切应力见公式(4-17)：

$$\tau = \frac{P_y S_z}{I_z \delta} \tag{4-17}$$

按第四强度理论，得到等效应力见公式(4-18)：

$$\sigma_{r4} = \sqrt{\sigma^2 + 3\tau^2} < [\sigma] \tag{4-18}$$

即，吊耳与桩身的焊接应在符合《钢结构焊接规范》(GB 50661—2011)相关条款规定的前提下，吊耳焊缝强度满足要求。

5)钢管桩强度校核

由于钢管桩起吊时，钢管桩主要承受剪应力。钢管桩的容许剪应力见公式(4-19)：

$$[\tau] = \frac{0.6\sigma_s}{K} \tag{4-19}$$

吊耳承受的剪应力可根据公式(4-20)近似计算：

$$\tau = \frac{P_{\gamma}}{A} < [\tau] \tag{4-20}$$

7.沉桩分析

1)土的动阻力计算

桩的可打入性分析是通过2个相对独立的分析，确定在选定锤的情况下桩的可打入性深度。首先估计在打桩期间土的动阻力，其次应用波动方程原理分析计算锤-桩组合系统可克服的阻力，然后对锤-桩-土组合系统进行分析，预测打桩深度和锤击数与贯入深度的关系。

在评价桩的可打入性时，首先要计算打桩期间土的动态阻力(SRD)。土的动态阻力可根据以往在相似土质条件地区打桩经验的基础上估算得出。过去的打桩经验表明，在粒状土中，“连续打桩”与“延迟打桩”两种情况下，土的外侧面摩阻力相同，即等于土的静表面摩阻力。而在黏性土中，连续打桩期间土的动表面摩阻力远远小于静表面摩阻力，经过足够时期的停打，才能恢复到静表面摩阻力的水平。恢复程度、时间与现场条件有关系密切并且很难精确确定。

(1)连续打桩

假如在打桩过程中连续贯入，没有形成土塞，则动阻力SRD的组合如下：

表面摩阻力：在黏土中为静表面摩阻力的50%；在砂土中分别为静表面摩阻力的50%和100%。

桩端阻力：在黏土和砂土中均为静桩端阻力的100%，但只作用在桩端壁厚形成的环形面积上。

(2)延迟打桩

假如在打桩过程中出现停打，在此期间，由于土的承载力的恢复及临时形成的土塞作用，黏性土中打桩期间土的动态阻力(SRD)会增大。因此，分析中假设打桩延迟后复打时，桩内形成完全土塞，打入阻力与静承载力相等，桩端阻力作用在整个桩端面积上。动阻力SRD的组合如下：

表面摩阻力：为静表面摩阻力100%，作用在桩侧壁面积上。

桩端阻力：为静桩端阻力的100%，作用在桩端面积上。

2)波动方程分析

桩-锤-土组合系统能够克服的土阻力，是根据Smith EAL于1960年提出的波动方程理论设计的计算机程序实现的。通过运行该程序，计算桩身各点锤击应力及不同锤击数可克服的土阻力。

将桩、土划分成离散单元,将每次锤击分成小的时段,利用递推循环的方法,逐步逼近,计算单位贯入量需要的锤击数。

在分析模型中,将锤模拟为一个无限大刚度的质量代表锤芯、一个由弹簧常数代表的无重量和一个具有重量与刚度的桩帽。桩分为长度相等的多节,每节模拟为一个质体和弹簧。土的阻力沿桩身和桩端分布。打桩期间,每一单元的静土阻力由一个弹簧代表,且一个摩擦质量块代表其极限值。动阻力模拟为一个阻尼器。

在分析计算中,主要用到的参数有锤、桩和土的参数。在模型中,锤、桩和土系统的参数应尽可能地代表实际系统。

锤的参数:能量、效率、锤芯重量和桩帽重量。

桩的参数:直径、壁厚、弹性模量、入泥深度以及打入桩的总长。

土的参数:桩侧面及桩尖的弹性压缩。

桩侧面及桩尖的阻尼常数;极限土阻力和桩尖处占总阻力的百分比。

根据波动方程分析结果,可判断桩的最大可打入深度及预报不同深度的锤击数。在分析中,假设用90%的锤效来评价锤的适用性。恢复系数是根据以往对监测桩的资料进行分析而选择的。土的阻尼及弹性变形参数选用 Roussel 于 1979 年推荐的数值。桩尖阻力占总阻力的百分比,则根据分析的不同深度选取。

3)打桩分析

模拟打桩过程的分析软件为 GRLWEAP 2010(GRL)。GRL 的波动方程分析是一个被广泛应用的程序,可以模拟基础桩在打桩锤的作用下的运动和受力情况。通过 GRL 打桩波动方程分析软件,分析并模拟打桩过程,估算打桩应力、承载力、锤击数及打桩时间。

通常情况下,无法准确评估打桩时岩土的实际阻力。但通过对经验数据的学习与研究,可以得到的结论是,持续打桩过程中基础桩外表面的摩阻力,比间断性打桩的摩擦阻力小。在间断性打桩过程中,土壤性能逐渐恢复,从而静态摩擦阻力会逐渐增大。因此分析工况选取如表 4-1 所示。

分析工况 表 4-1

工况	桩侧阻力系数	桩端阻力系数	描述
A	1	1	部分土塞
B	0.5	1	未形成土塞,侧摩阻发挥 50%
C	1	1	未形成土塞,侧摩阻发挥 100%

4.2 桩锚制作及运输

4.2.1 桩锚制作

桩锚制作流程主要包括原材料进场、钢板下料切割、钢板预弯及卷圆、纵缝焊接、管节回圆、管节纵缝探伤、管节组拼、管节环缝焊接、环缝探伤检验、桩锚验收。

4.2.2 桩锚运输

桩锚制作完成后，桩锚运输船应就位并搭设跳板，采用 SPMT 运输车滚装上船，过程中需结合滚装速度进行压载水调节；滚装完成后，对桩锚利用绑扎机具进行加固处理。

4.2.3 案例应用

以某漂浮式风机为工程背景，对其桩锚制作及运输过程进行说明。

1. 施工工艺流程图

施工工艺流程如图 4-2 所示。

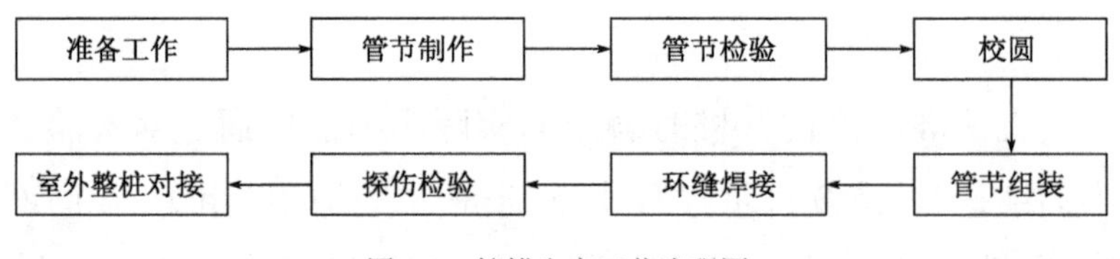

图 4-2　桩锚生产工艺流程图

2. 桩锚制作

1) 钢板进场验收

查看钢材的理化试验和检测报告以及出厂证书原件；对交付的钢材外观进行查验，确保钢材表面无气泡、结疤、裂纹、折叠、夹杂和压入氧化铁皮等有害缺陷。钢材不应有肉眼可见的分层；按照标准和相关规范，对进场钢板进行超声波检测，对钢板的长度、宽度、厚度和平整度进行查验；对钢板进行抽样检验即原材料的复检（包括化学成分、物理、力学性能、外观质量等)。钢板进场验收如图 4-3 所示。

图 4-3 钢板进场验收

2)焊丝焊剂

车间使用的焊丝主要有两种:一种是镀铜低硫磷高锰型埋弧焊丝 CHW-SG(H08Mn2E),符合 GB/T 5293(埋弧焊用非合金钢及细晶粒钢实心焊丝、药芯焊丝和焊丝-焊剂组合分类要求) SU35(H10Mn2Ni)和 AWS A5.23(埋弧焊用低合金钢焊丝和焊剂)EG 标准;另一种是碳钢高猛埋弧焊丝 CHW-S3,符合 GB/T 5293 SU34(H10Mn2)和 AWS A5.17(埋弧焊碳钢焊丝及焊剂)EH14 标准。

焊剂是颗粒状焊接材料。在焊接时它能够熔化形成熔渣和气体,对熔化金属起到保护和冶金物理化学作用。车间使用的是 CHF101GX 焊剂,为球形颗粒,粒度在 10~60 目,符合 GB F5A2-H10Mn2 和 AWS F7A0-EH14 标准。

3)下料、坡口加工

按中径展开尺寸下料,先根据尺寸画线,板料对角线控制在相关规范要求内,再用半自动切割机切割,纵焊缝和环焊缝开内坡口,坡口角度和钝边都应满足相关规范要求。钢板下料如图 4-4 所示。

图 4-4 钢板下料

钢板切割后应对坡口进行打磨处理，将氧化铁铁渣打磨清除干净，并将凹凸不平处打磨平整。

4）管节制作

钢板采用卷板机进行预弯和卷制。在钢板进入卷板机时，卷板机上辊必须处于最高处；钢板进入卷板机后要对正、放平；开始操作时，将上辊水平移位，上辊向下加压，对钢板进行预弯。加压时两端压力一定要相等，否则会损坏卷板机。预弯后，将上辊稍微升起，进行卷板。卷制到另一端时，对此端进行预弯。预弯结束后，将上辊移至卷板机中心。卷板时每次加压不能过大，否则会导致钢板残余应力未消除，也有可能导致钢板卷过，材料报废；卷制过程中要多次卷压，边卷边加压力；在卷制最后阶段，接头处应该稍微卷过一点，形往内凹陷，以方便焊接。在卷制过程中，要不时对管直径进行测量，确保钢管直径误差满足相关规范要求。卷制成形后，采用千斤顶和倒链对其进行直缝对接，使用斜铁控制错边尺寸满足相关规范要求，最后用 CO_2 气体保护焊进行点焊固定。钢板卷板如图 4-5 所示。

图 4-5　钢板卷板

先用埋弧自动焊对钢管内纵缝进行焊接，焊接时外部采用焊剂垫。内焊完成后，将焊缝背面采用碳弧气刨清根处理，再使用角磨机将焊道打磨清理。清理完成后，采用埋弧自动焊进行外纵缝焊接。

5）管节检验

所有焊缝 100% 超声波探伤，探伤标准为 NB/T47013 BI 级合格。对超声波探伤有疑问时，应对该部位进行射线探伤。如探伤发现焊缝不合格，应对缺陷部位进行标识和记录，并通知生产部进行补焊。补焊后再进行外观和超声波探伤，同一位置补焊次数不超过 2 次。检测合格后才能进入下一道工序。

6）校圆

采用数控万能三辊卷板机校圆。在校圆的时候，压力不能过大，否则会因残余应力无法消除而使校圆难度增加。校正的过程中,应随时测量椭圆度,对直径不够的地方加压再校。校圆后其圆度要满足相关规范要求。

7)管段组装

管段组装在专用的工装上进行,保证拼接时钢管的直线度和垂直度。为了确保环焊缝焊接质量,钢管拼接时管节之间应留一定的间隙,两节之间用斜铁进行调整,避免出现错边。待检验合格后,将钢管进行点焊加固,满足吊装需要。

8)环缝焊接

将拼接好的钢管段吊装在埋弧焊滚轮架时,注意吊环与滚轮架错开,否则在焊接过程中可能会损坏滚轮架。先完成内环缝埋弧焊接,再完成外环缝埋弧焊接。焊接前焊剂应进烘烤,以避免焊接过程中产生气孔等其他缺陷。焊接时按照焊接工艺指导书控制好焊接电压、电流和焊接速度,保证焊缝达到规定要求。及时调整埋弧焊机头位置,防止焊偏。内环焊缝焊成后,用碳弧气刨将焊缝背面清根处理,再使用角磨机将焊道打磨清理。清理完成后,采用埋弧自动焊进行外环缝焊接。

9)探伤检验

环焊缝焊接完成48h之后进行100%超声波探伤,探伤标准为NB/T47013 BI级合格。对超声波探伤有疑问时,应对该部位进行射线探伤。如探伤发现焊缝不合格,应对缺陷部位进行标识和记录,并通知生产部进行补焊。补焊后再进行外观和超声波探伤。检测合格后才能进入下一道工序。

焊接缺陷先用碳弧气刨将缺陷清理干净,用角磨机将碳弧气刨部位打磨光滑,采用CO_2气体保护焊对缺陷进行补焊,补焊参数符合工艺卡要求。补焊完成后用角磨机清理打磨焊缝周围,使其达到规定要求,同一位置补焊次数不超过2次。

补焊完成后,应对焊缝进行外观质量检查,对不符合要求的地方进行修整;48h后再用超声波探伤,确认NB/T47013 BI级合格。

10)室外整桩对接

桩锚分段在车间内部制作,然后再运至车间外部生产场地整桩组对。拼接时应在轴线和水平线已调好的滚轮架上进行,滚轮架采用水平仪和拉线等方法进行调节。沿轴线选取2~3个检测点,检测点呈90°分布。

11)桩锚储存

按照钢管交库记录办理钢管的入库手续,并按照不同的质量等级分区域进行放置;桩锚堆放时单层叠放,严禁超高,防止桩锚变形;桩锚在堆放过程中,在防腐区域缠绕布绳或草绳对防腐层进行保护。钢管桩储存如图4-6所示。

图 4-6 钢管桩储存图

3. 桩锚运输

1) 运输车 SPMT

SPMT 运输系统主要包括两大组件:平台车(分为 4 轴线模块单元和 6 轴线模块单元)与动力头(简称 PPU)。SPMT 如图 4-7 所示。

(1) 动力设备 PPU-390

PPU 为模块车提供液压和电力,PPU 可以单独或同时操作平台车上的液压组,以对货物进行精确的升降操作。PPU 动力头如图 4-8 所示。

图 4-7 自行式模块车(SPMT)

图 4-8 PPU 动力头

(2) 自行式模块车

SPMT 分为 4 轴线模块单元和 6 轴线模块单元,SPMT 配备液压管路和快速接头,以便与其他模块单元进行横向、纵向拼接,满足不同的重量、尺寸的运输设备。SPMT 配备了静液压驱动单元、电液多方位转向单元和液压升降装载单元。轴线模板车如图 4-9 所示。

2) 滚装跳板

设备滚装时采用自主设计的滚装跳板,跳板主体结构为 HW200 × 200 的 H 型钢制造而成,并可以根据滚装情况自由组合,强度设计亦满足滚装要求。滚装跳板如图 4-10 所示。

3) 准备工作

(1) 路障清理完成,整个运输行驶路线已经符合运输要求;

图 4-9　轴线模块车

图 4-10　滚装跳板

(2)设备底部需预留 SPMT 车组横向进入的通道,鞍座提前固定在设备上;

(3)掌握实时天气预报、根据潮汐表实际情况,确认滚装上船时间;

(4)根据滚装时间与海事部门联系,对滚装区域航道进行封航;

(5)提前在码头区域、运输驳船甲板上利用油漆画出 SPMT 车辆行走轮廓线、纵向中心线;

(6)运输驳船的纵向中心线与发运区中线对位误差控制在 ±10mm 以内,并且保证甲板平面与码头平面共面;

(7)提前对装运设备的重心(纵横向)进行标识;

(8)滚装船驶入码头并与码头呈 T 形摆好,调整船只甲板龙骨线与发运区中线对中定位,误差控制在 ±10mm 以内,通过艉部的系固缆绳与码头边缘的锚桩呈“八字形”连接并进行绞紧系泊,如图 4-11 所示;

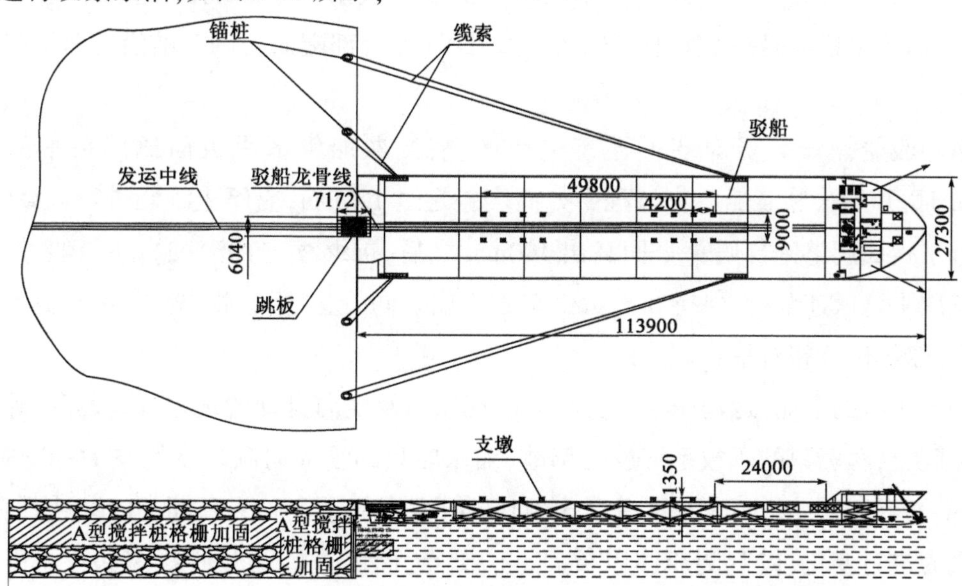

图 4-11　驳船靠泊、滚装跳板铺设示意图(尺寸单位:mm)

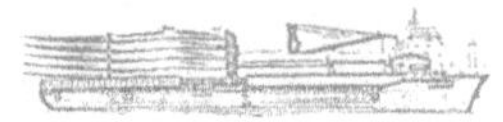

(9)预先制作好的2块跳板,在驳船艉与码头之间进行铺设,跳板的中心线需对准运输通道中心线;

(10)预先在驳船上布置支墩,支墩与甲板之间垫有过渡钢板过渡;

(11)运输驳船需进行相关的压载调试、检查及验收;

(12)SPMT车组进行并车、调试及验收。

4)桩锚滚装运输

操作人员操控2组SPMT车组,调整板面高度至1200mm,行驶进入设备下方预留的进车通道。在SPMT车组板面与设备底部接触区域均匀布置橡胶垫;使用“八字、斜行”2种模式微调车组位置,使车组承载中心对准设备的重心,偏差控制在±10mm以内。通过SPMT顶升设备,使设备底部脱离滚轮,随后检查并计算四点支承压力表的读数并计算出读数差,若大于较小读数8%,则需将设备降落在滚轮上,并通过SPMT的微动功能进行车组位置的微调,直至压力表读数之间的差别小于8%为止,确保设备的重心对准车组的承载中心。全面检查设备装载情况和SPMT的相关性能状况,确认一切正常后,所有人员各就各位,指挥专职人员发出启运指令,开始运输。

通过车组的纵横向微动调节,确保设备的纵向中心线对准发运区域中线,误差控制在±10mm以内。检查运输驳船甲板龙骨线与发运区中线对中情况,确保误差在±10mm以内,并通过艉部的系固缆绳再次绞紧。对跳板的铺设进行检查并确认无误(每块跳板的中心线需对准每组车的纵向中心线,误差控制在±10mm以内)。根据装船码头处的水位,驳船操作人员操作运输船上的压载水调节系统,对船舶浮态进行调整,使运输船甲板与码头岸上地面标高一致(运输船艉部端面与码头前沿的防撞衬垫接触贴紧)。

运输驳船操作人员对船舶浮态进行调整,当驳船艉部甲板面比码头平面高出100mm时,开始滚装装船。在过程中如高度差超过100mm,应停止滚装进行调载,将驳船艉部甲板面调整到比码头平面高出100mm之后,再继续进行滚装。在装船过程中,平板车应平稳低速前行,保持0.5km/h匀速上船。同时,全程检测码头与甲板高程变化情况,使船体保持相对平稳。

随着车组的上船,运输船会因受载而出现纵倾及横向晃动的现象,海驳船操作人员需做好配合,对船只的压载系统进行调节,确保船只的纵横向倾斜度均在1%以内。当前面SPMT车组大部分上船后,后端SPMT车组缓缓前进至码头预铺的滚装跳板,这时船体受力进行变化,应观测船体甲板面上的测点高程,通过调载使船体保持水平无纵倾。同时要求船体艉甲板面与码头面高度差不大于100mm,以满足SPMT车组的装船要求。SPMT 车组运载设备全部上船后，通过车组的纵横向微动调节，使得设备摆放到预定位置，纵横向偏差控制在不大于 ±10mm。

滚装完成后驶入指定卸车位置，相关人员进行组合式支墩、组合式垫块等的搭设。检查并确认无误后，指挥专职人员对 SPMT 执行下降操作，直至支墩承受 80%（通过 SPMT 支承压力表读数进行折算）的重量，静置 20min，检查并确认甲板、支墩等无异常后，继续下降车板至风机单桩基础结构的全部重量由支墩承受为止。操作 SPMT 车组沿着跳板驶离运输船并撤离跳板，至此滚装上船施工完成。

5）桩锚海上运输

为保证设备水运途中的安全，需将装载完成的设备进行绑扎加固，鞍座与支墩之间直接焊接连接，用卡板将支墩固定于甲板上，也可以将支墩直接焊在甲板上。

将各个绑扎点的地铃（锚点）焊接在驳船甲板上，通过钢丝绳、卸扣组合对设备与地铃实现绑扎，专用绑扎机具组合形式如图 4-12 所示，钢管桩运输如图 4-13 所示。

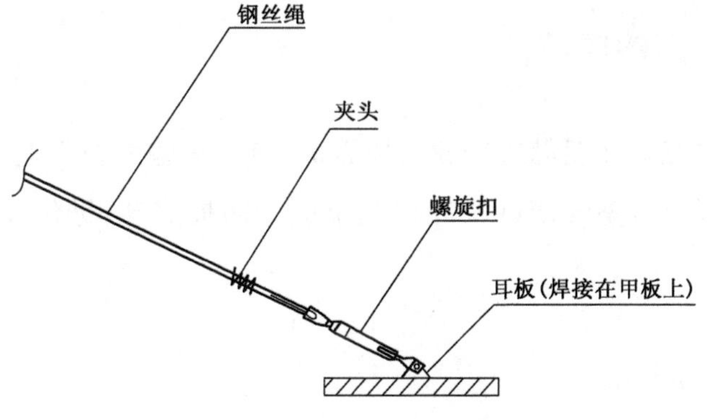

图 4-12　专用绑扎机具组合形式

图 4-13　钢管桩运输

4.3 船舶就位

船舶就位主要包括起重船抛锚就位和桩锚运输船就位。起重船先到桩锚位置抛锚就位,调整船位进行精确定位,并在船舷边安装防撞球;桩锚运输船随后进行抛锚就位,通过调整锚位靠近起重船防撞球,并进行带缆固定。

4.3.1 起重船抛锚就位

起重船拖航至桩锚中心位置附近进行抛锚粗就位,调整锚缆长度,通过船舶定位系统实现精确定位。

4.3.2 桩锚运输船就位

起重船就位完成后,在船舷边安放防撞靠球,桩锚运输船行至起重船旁边安全距离进行抛锚就位,并通过调整锚缆逐步靠近起重船舶防撞靠球;进位完成后,通过缆绳与起重船固定。

4.3.3 案例应用

以某漂浮式风机为工程背景,对起重船及桩锚运输船就位进行说明。

1. 起重船就位

(1)结合地勘资料以及锚链回接顺序,提前计算好锚点坐标并绘制锚位图。船舶就位的最终位置应根据现场水流、风向决定。

(2)起重船先拖航至桩锚施工位置进行船舶就位,按设计锚位通过锚艇进行抛锚,如图 4-14 所示。起重船抛 6 个定位锚,因施工稳定性要求高,抛锚长度约 800m,抛锚顺序视施工现场水流情况而定,施工过程中注意观察起重船定位锚机张力;通过船舶定位系统的辅助进行精准就位,使导向架中心位置位于设计桩位中心正上方。

2. 桩锚运输船就位

起重船就位后,使用履带式起重机将 2 个防撞球吊至起重船右舷进行固定,桩锚运输船在起重船船长的指挥下，靠泊至起重船右舷的靠球处，锚艇配合桩锚运输船进行抛锚作业，共抛 2 个锚，并通过 4 条缆绳与起重船绑定。为便于现场桩锚吊装施工，起重船船首与运输船船首方向应保持一致，便于起重船 1 号主钩挂设溜尾吊点，2 号主钩挂设主吊点。

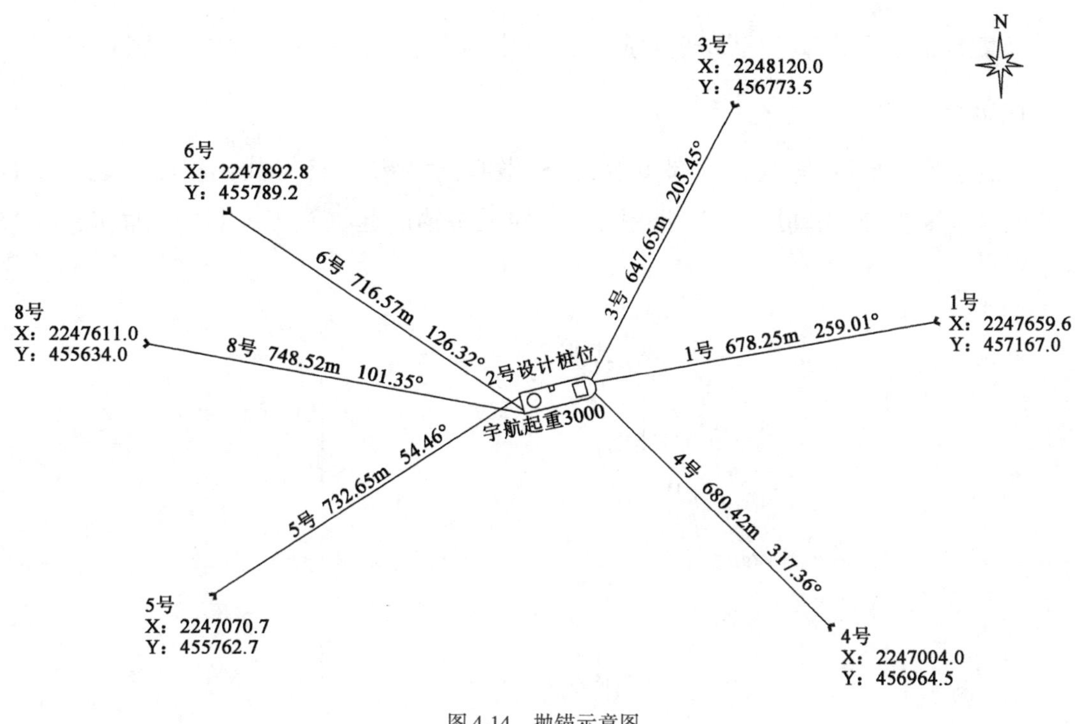

图 4-14　抛锚示意图

4.4 起吊过程

桩锚基础起吊过程主要包括将通过运输船运输的桩锚基础从运输船中起吊，称为桩锚起吊；起桩后运输船（具备四锚定位功能）解缆离泊，起重船在空旷海况将桩锚进行翻桩施工，称为翻桩立身。

4.4.1 施工过程

从动力学的观点看，船机协同吊装超长钢管桩系统至少具有 11 个自由度：运输船的 6 个自由度，起重机起升、变幅、回转的 3 个自由度以及被吊物在 2 个自由度空间内的

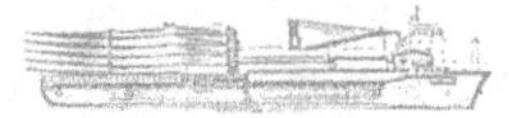

球摆运动,因此,其耦合动力学行为十分复杂。为保障施工安全进行,应对起吊过程中的工艺及船机管理调度进行仔细设计。

4.4.2 案例应用

以某漂浮式风机为工程背景,对起吊过程中的桩锚起吊和翻桩立身过程进行说明。

1. 桩锚起吊

吊点挂设完成后,缓慢起升起重船,先稍微起升主钩1,待寻找到重心后起升主钩2,使桩锚水平提升,当高度超过侧向限位后,完成桩锚的起桩施工。起桩立面如图4-15所示。

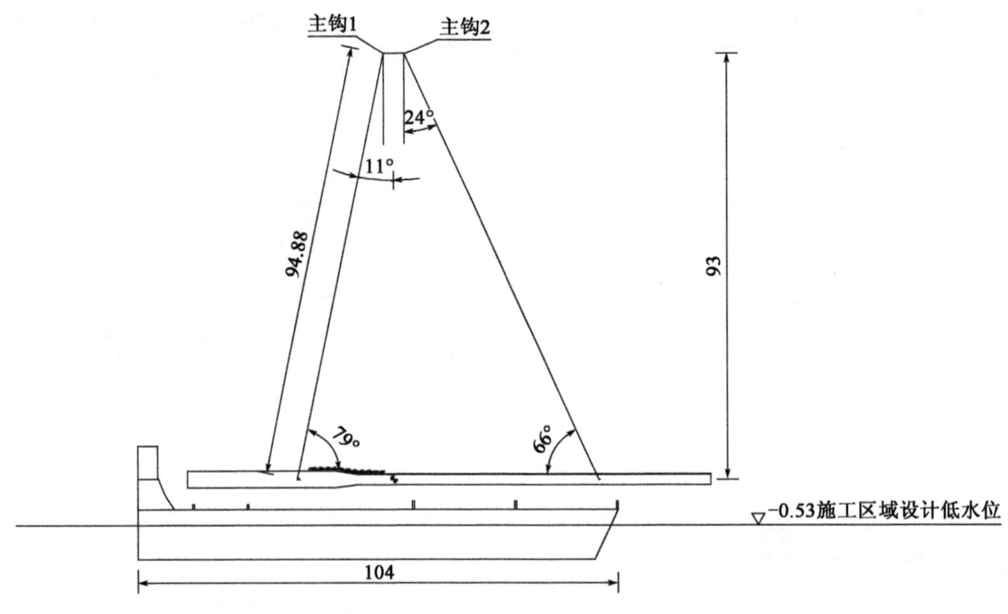

图4-15 起桩立面图(尺寸单位:m)

2. 翻桩立身

完成起桩后,运输船(具备四锚定位功能)解缆离泊,起重船旋转臂架至起重船左舷,将桩锚在空旷海况进行翻桩施工,翻桩过程需确保桩锚与起重船钢丝锚无干涉;双主钩配合完成桩锚翻转竖直,具体操作为主钩1下放,主钩2上升。翻桩过程示意图如图4-16所示。

桩锚翻桩竖直后,主钩1下放使得溜尾吊点在自重的作用下完成自脱钩;溜尾吊锁具顺利自脱钩后,完成翻桩竖直操作。翻桩竖直立面如图4-17所示。

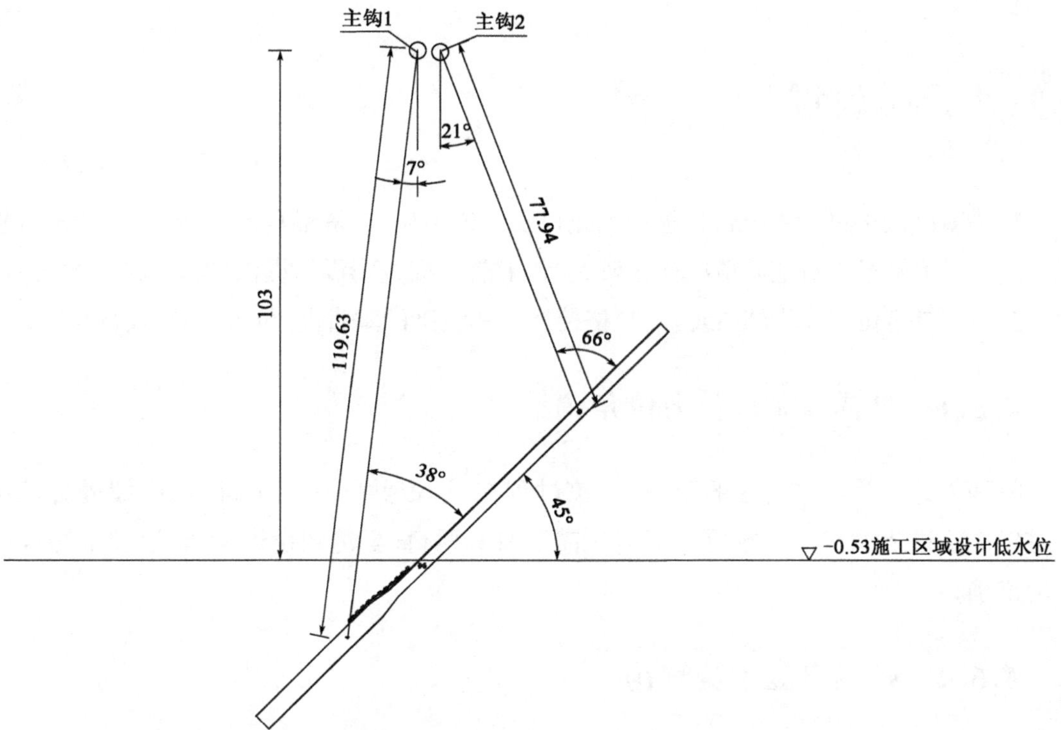

图 4-16 翻桩过程示意图(尺寸单位:m)

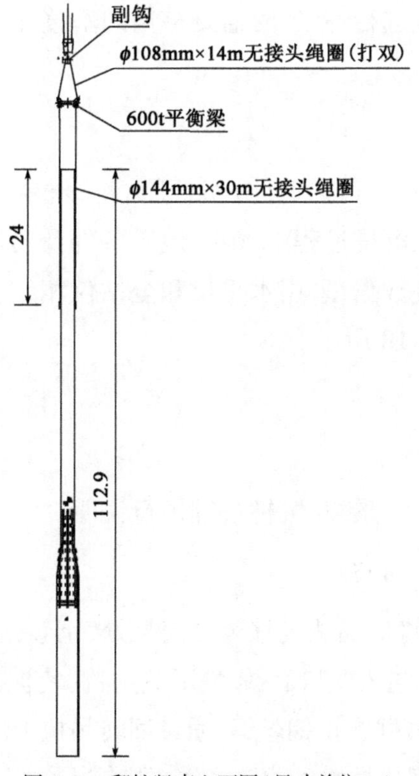

图 4-17 翻桩竖直立面图(尺寸单位:m)

4.5 沉桩过程

桩锚基础沉桩过程主要包括桩锚入龙口及方位角调整、桩锚自沉主钩解钩、锤击沉桩三个过程。沉桩过程对地质情况依赖较大,施工前仔细查阅设计提供的详细地勘报告;同时桩锚的沉桩定位应作为施工重点,严格控制桩锚基础的垂直度、位置、标高及自身质量。

4.5.1 桩锚入龙口及方位角调整

桩锚入龙口为沉桩过程的第一步,该过程在风、浪共同作用下进行,应缓慢施工确保桩锚准确进入龙口。完成后应调整桩锚系泊吊耳,直至达到设计要求,以保证锚链的角度准确。

4.5.2 桩锚自沉主钩解钩

系泊吊耳方位角调整完成后,在测量人员的监控下使桩锚自沉,并通过调节臂架完成主钩解钩。该过程应缓慢进行,并实时监测桩锚的垂直度。

4.5.3 锤击沉桩

沉桩前通过打桩软件进行可打入性分析,预估每根桩在沉桩过程中可能出现的问题并提前做好保障措施。在沉桩过程中,根据地质条件及已详细设计的沉桩方案,严控停锤标准并结合高应变检测数据;采用水平尺和全站仪相结合的方式,实时监控桩锚垂直度。沉桩到位立面如图 4-18 所示。

4.5.4 案例应用

以某漂浮式风机为工程背景,对沉桩过程进行说明。

1. 桩锚入龙口及方位调整

翻桩竖直后,旋转臂架将桩锚缓慢移至导向架处,调整起重船臂架角度为 70°,缓慢将桩锚喂入龙口。桩锚顺利进入龙口后,缓慢下放主钩,使桩锚底部到达距离泥面 1m 位置,在桩身适当位置焊接吊耳并连接钢丝绳,通过回转吊机上的卷扬机配合调整系泊吊耳方位角达到设计要求,从而完成桩锚入龙口操作。桩锚入龙口立面示意如图 4-19 所示。

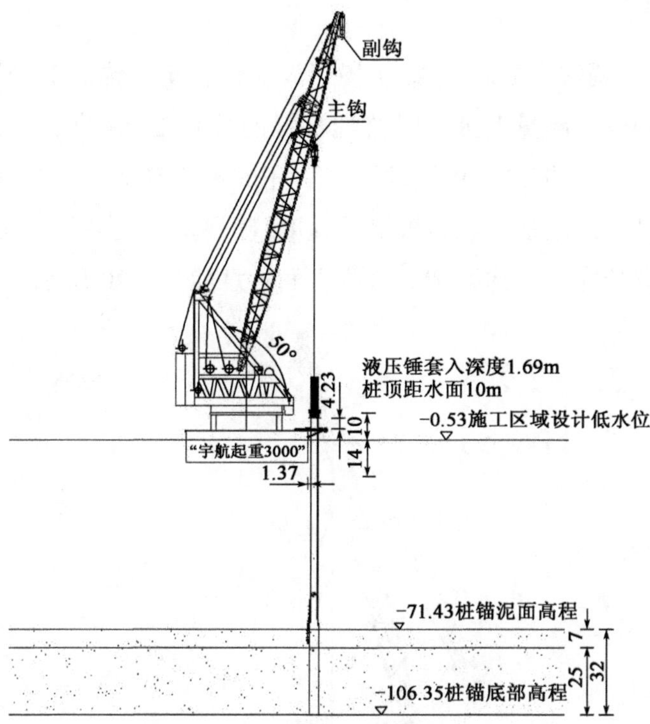

图 4-18 沉桩到位立面示意图(尺寸单位:m)

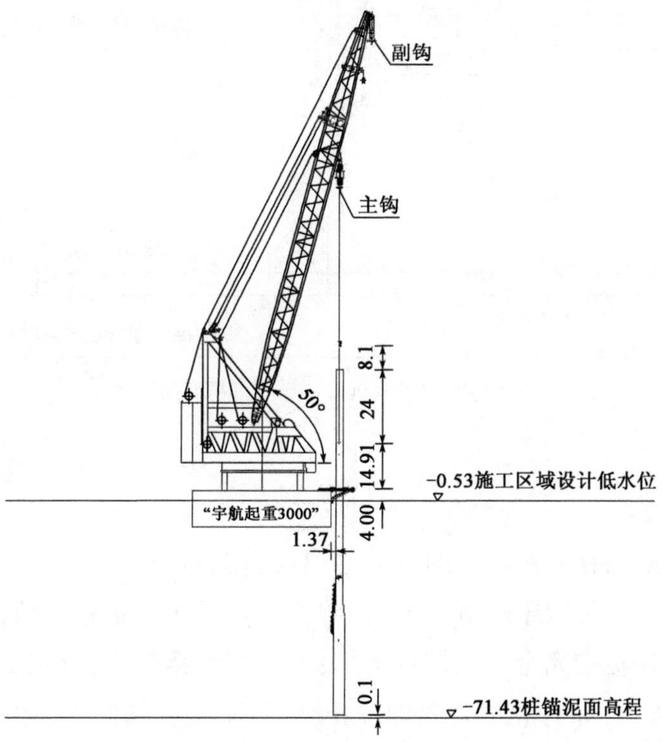

图 4-19 桩锚入龙口立面图(尺寸单位:m)

2. 自沉及解构

系泊吊耳方位角调整完成后，继续缓慢下放主钩直至桩锚底部触泥，此时主吊机力矩显示器读数开始减小，测量人员随时监控桩锚的垂直度；继续下放副钩，直至其完全不受力，观察 3 ~ 5min，当桩锚不再继续下沉后完成桩锚自沉。自沉过程中宜控制好自沉速度，同时通过液压油缸顶推调整桩锚垂直度，确保垂直度满足施工要求。桩锚自沉完成后，通过调节臂架完成主钩解钩。自沉立面示意如图 4-20 所示。

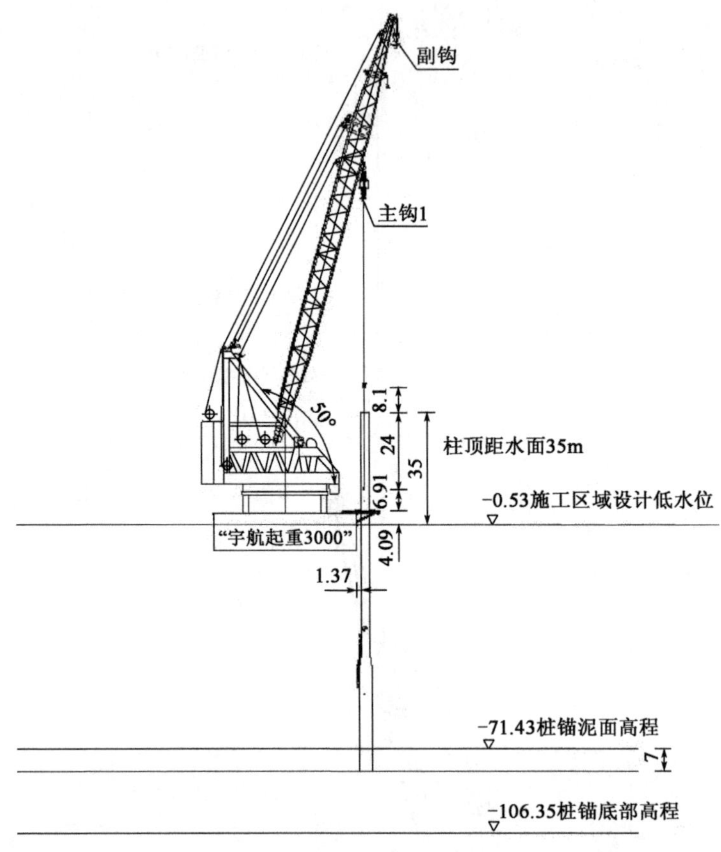

图 4-20　桩锚自沉立面图(尺寸单位:m)

3. 锤击沉桩

1) 液压锤套锤

桩锚自沉完成后，存放液压锤的货船靠泊起重船右舷。起重船右侧主钩起吊液压锤完成后，旋转吊臂先将液压锤吊至桩锚上方约 1m 的位置进行对位，完成后缓慢下放右侧主钩，使液压锤桩帽完全套入桩锚上部；当桩与锤接触后，分级加载锤的重量。此过程需全程跟踪观测，如有异常时立即停止套锤，防止桩锚溜桩。液压锤套锤立面如图 4-21所示。

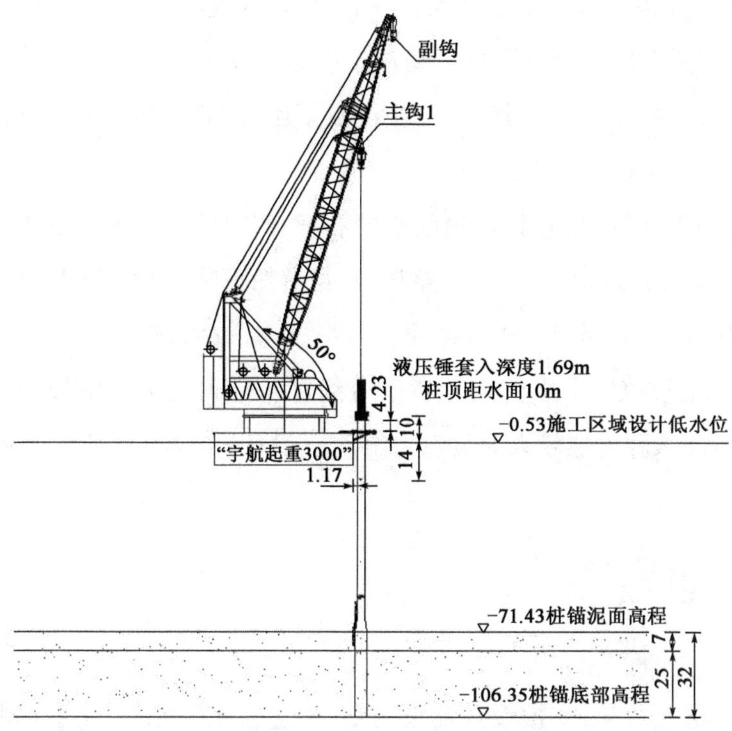

图4-21　液压锤套锤立面示意图(尺寸单位:m)

2)沉桩至设计标高

沉桩至设计标高过程中,液压锤的锤击过程应满足以下要求:

启动液压锤,先以最小能量点动沉桩,如此3～4次,并安排测量人员观测桩身数据,调整桩身姿态;桩身垂直度如无变化则继续沉桩,过程中观测桩身垂直度,确保垂直度误差在控制范围内。

(1)整个锤击过程中,需严格控制锤击能量;

(2)启动时打击能量要求从小到大,待桩锚入土一定深度且桩身稳定后再适当加大锤击能量;

(3)遇到软弱土层时应适当降低能量,遇到较硬土层时应适当加大锤击能量,必要时按额定功率打桩,并有效控制锤击贯入度,根据贯入度实时调节能量;

(4)为防止溜桩,开始沉桩时采用手动最小能量单击,且不连续锤击,控制贯入度和锤击能量。穿过软弱土层后,方可根据贯入度情况适当加大锤击能量,沉桩贯入度控制在20mm/击左右;

(5)一根桩原则上应一次打入,中途不得人为停锤;如确需停锤,亦应尽量缩短停锤时间;

(6)安排专人指挥操锤并观察贯入度,如发现贯入度有明显增大现象时需即时减小锤击能量,如发现锤击后桩身有明显滑动现象应立即停锤;

(7)沉桩深度根据全站仪测量可得,当沉桩至设计标高50cm时,应加大标高测量频率,确保沉桩高程满足设计要求;

(8)沉桩至设计标高后,货船靠泊起重船右舷,回收液压锤至货船甲板上;

(9)在沉桩过程中,如出现贯入度异常、桩身突然下降、过大倾斜、移位等现象,应立即停止沉桩,并会同相关部门及时查明原因,以采取有效措施;

(10)如在沉桩过程中发生桩顶标高未达到设计标高且贯入度较小或拒锤时,或桩顶达设计标高而贯入度仍然较大时,应会同业主、设计、监理共同研究确定处理措施。

4.6 收桩过程

桩锚基础沉桩完成后,应按设计铺设锚链,并进行水下割桩,准备回收桩锚,完成收桩过程。

4.6.1 引链解除

引链解除过程主要包括钢桩接长段的开孔,后续进行钢桩切割作业前,需要用船上的吊机连接钢桩,防止钢桩切割作业完成后钢桩倾倒;同时需调整船首向与锚链方向垂直;然后对防沉板进行铺设,并连接绞车钢丝绳和引链,最后完成锚链的铺设。以上施工过程应严格按照设计进行,并派专业人员实时监测,保证铺设的准确性。

4.6.2 水下割桩

水下割桩包括钢桩入泥点清淤以及钢桩切割2个步骤。该过程应提前确定钢桩切割参考线,并按照参考线精确切割以满足切割状态要求。

4.6.3 案例应用

以某漂浮式风机为工程背景,对收桩过程中的引链解除和水下割桩过程进行说明。

1. 引链解除

1)桩锚调查及接长段开孔

沉桩作业完成后,潜水员携带信标下水对钢桩进行预调查,依次按照"钢桩段—钢丝绳—锚链末端—锚链根部—钢桩入泥点"的顺序,对钢桩进行外观检查和确认。同时定位作业人员需拍照记录钢桩连接位置、水深和海床泥质等信息。

安排人员在钢桩顶部切割出连接卸扣的吊孔,2 个吊孔应对称分布。在后续进行钢桩切割作业前,需要用船上的吊机连接钢桩,防止钢桩切割作业完成后钢桩倾倒。桩身开孔及卸扣完成后起重船绞锚移船,调整起重船船首向,使其与锚链方向垂直,其中 1 号船首向为 10°,2 号船首向为 130°,3 号船首向为 250°,船舷与桩锚的距离约 12m。

2)防沉板铺设

潜水员首先需要在潜钟的船尾侧 3m 处设置十字工具栏,抵达锚链入泥点位置后定位打点;吊机(钩头携带信标)下放防沉板,按照设计位置,将防沉板吊装就位;潜水员抵达防沉板位置时,如防沉板未完全就位,按照锚链回接路由,调整防沉板位置;重复以上步骤,完成 3 块防沉板的吊装铺设。

3)绞车钢丝绳与引链连接

防沉板铺设完成后,需连接绞车钢丝绳和引链。潜水员下水放置潜水递物导向绳;船位预调到绞车和锚链路由一致(船必须与钢桩保持 3m 左右的距离,保证水下绞车钢丝绳与锚链形成夹角),同时甲板人员安装 1 根钢丝于绞车钢丝绳末端,再通过 1 根尾绳建立钢丝与导向绳之间的连接,之后放出绞车钢丝绳使其末端顺着递物导向绳划到桩锚预安装锚链位置处;最后潜水员通过卸扣,将绞车钢丝绳与预安装锚链端头连接。

4)引链铺设

上述工作准备完成后,即可对引链进行铺设。饱和潜水员站在远离锚链受力方向,于水下观察锚链的受力情况。绞车钢丝绳收紧至合适状态,潜水员通过电氧切割的方式,割除锚链末端的固定钢丝绳;甲板人员通过递物导向绳,把电氧切割设备传递至锚链末端固定处;起重船绞锚缓慢移船(顺着锚链铺设路线方向),同时绞车缓慢下放钢丝绳,将 10m 预安装锚链铺在事先放置好的防沉板上;重复以上步骤,直至单根钢桩的 3 条锚链铺设完成。

2. 水下割桩

1)钢桩入泥点清淤

水下割桩首先需要对钢桩入泥点进行清淤。甲板作业人员准备水苗子或倒把管,

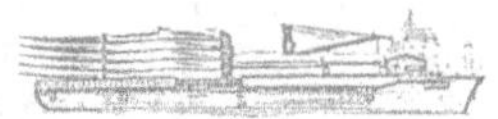

通过递物导向绳传递至水下作业点;清理钢桩入泥点,用倒把管和水苗子淤泥,使切割参考线露出泥面0.3m以上;入泥点清理完成后,回收清淤工具。

2)钢桩切割

钢桩切割时需使用收紧器捆扎钢桩,作为钢桩切割的参考线。之后稍微提升起重船主钩,收紧连接接长段钢管桩的钢丝绳,使钢丝绳带力,防止切割后的钢桩倾倒。潜水员沿着收紧器的切割参考线开始切割钢桩,在确认只剩下2个预留段时,监督确认剩下的切割顺序(最后一刀确保靠近潜钟并在流水的上游一侧),确认吊索具的状态,松紧适度。切割下游预留段后,潜水员解开潜水递物绳,并建立1根引导绳在顺手的位置,切割最后一段预留段;钢桩切割完成后,潜水员回到钢桩根部,检查确认钢桩切割状态满足要求后,回收水下电氧切割设备及其他水下工具,完成水下割桩,如图4-22所示。

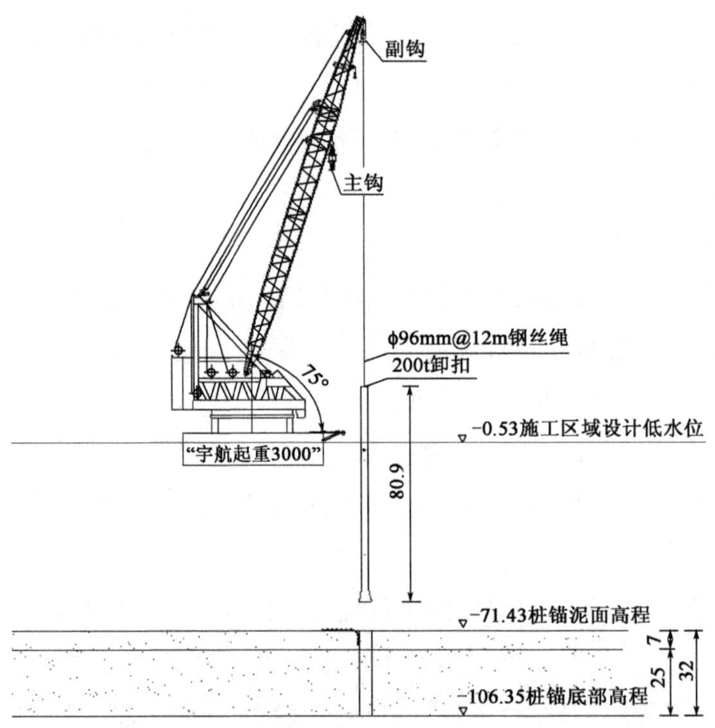

图4-22　切割后吊移多余的钢管桩(尺寸单位:m)

3.桩锚回收

切割完成后,起升副钩将桩头及平衡梁吊回桩锚运输船的甲板存放。桩头回收如图4-23所示。甲板运输驳就位带缆,调整起重船臂架角度至60°,将桩头缓慢下放至甲板运输驳工装上,然后解除卸扣和桩顶钢丝绳,同时安排劳务人员将桩头和工装固定,完成桩锚回收。

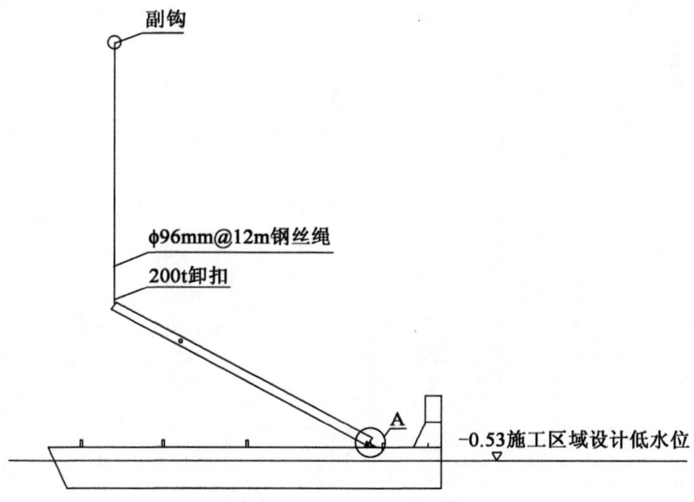

图 4-23　桩头回收示意图(尺寸单位:m)

CHAPTER 5 第五章

锚链铺设的技术论证与实践

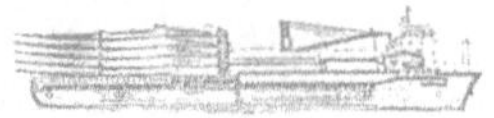

5.1 锚链铺设的技术要点

锚链铺设为浮式风机施工过程中较为重要的一环，在桩锚沉桩过程之后施工。悬链线性锚链的合理设计及合理施工，对于漂浮式下部结构运动如漂浮式风机等的控制和安全性，都具有积极作用。

5.1.1 主要构造

桩锚设计形式为钢管桩，其中每根桩锚设有系泊拉耳及锚链，二者共同组成浮式结构的系泊系统。锚泊系统一般为组合锚链，且采用悬链线式布局，其布置形式如图 5-1 所示。

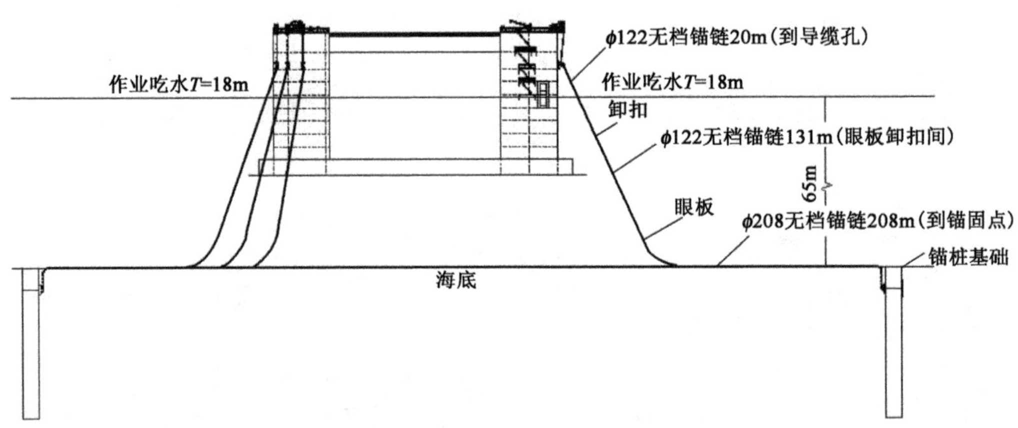

图 5-1　系泊系统布置示意图

5.1.2 锚链铺设施工工艺

锚链铺设涉及的主要施工内容有锚链水下对接及铺设等施工任务，需要船机等设备以及作业人员进行操作施工。锚链水下对接，由饱和潜水作业人员在水下通过浮袋配合完成连接卸扣安装；锚链铺设采用起重船作为主作业船进行铺设。整体施工流程如图 5-2 所示。

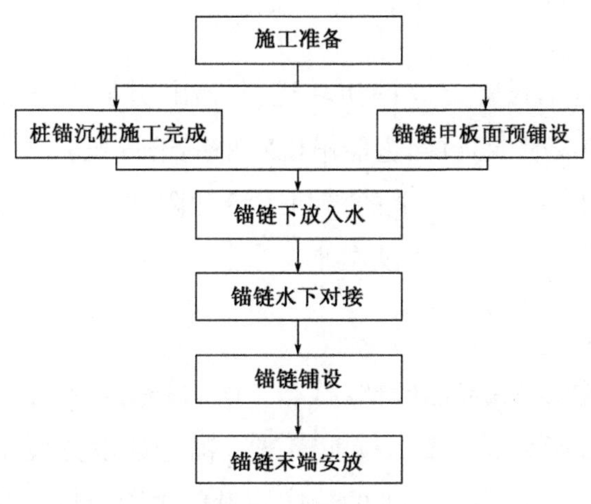

图 5-2　施工工艺总流程图

5.1.3　技术要点

1. 设备及材料选型

设备与材料是工程中不可或缺的组成部分，选择合适的设备与材料是工程顺利推进的关键因素之一。设备及材料除需满足施工工艺要求外，应结合可操作性、质量等各方面进行考虑。

2. 锚链水下对接

锚链水下对接难度大，需要快速精准地实现对接。根据锚链水下对接采取的饱和潜水施工工艺，锚链起吊入水至海底后，潜水员无法在水中快速精确地找到锚链端头，导致施工时间延长；在水下对接锚链，由于锚链和连接卸扣比较重，需要用到大量的辅助对接工具，且大部分工具需要通过递物架下放至海底对接位置；对接的每个步骤都需要潜水员梳理清晰，否则无法完成。

3. 锚链铺设

锚链铺设过程中应保证铺设路径与设计路由一致，以满足设计要求。同时，在铺设过程中锚链环之间可能会出现空隙，导致锚链的有效长度减小，影响后续锚链回接施工。应使用专业测量定位设备，实时监控锚链铺设路径，如出现锚链偏移情况，及时绞锚移船纠正；应保证需铺设的锚链始终保持悬链状态，保证锚链环之间不会出现空隙；移船速度应与锚链下放速度协调，船速不能超过锚链下放速度。

4. 锚链防扭

锚链铺设过程中,应对链环之间的扭转进行控制,并实时进行监测,以满足设计要求。进行锚链甲板预铺设时,通过起重船吊机对锚链进行扭转作业,将锚链内部的大部分链环扭转进行释放;此外,设计专业的解扭工装和阻扭工装,使锚链通过解扭以及阻扭工装后可以再离开起重船,完成铺设作业。

5. 锚链张力控制

锚链铺设过程中,悬空锚链呈悬链线状态。此时需对锚链张力进行控制,避免张力过大从而导致限位工装或绞车受损。故前期进行锚链铺设方案编制时,需通过对锚链悬链线形进行计算分析,从而得出合理的锚链铺设单次铺设量以及移船步距。

6. 施工海域环境

施工环境一般位于水深、流速快的海域,对船舶稳性有较大影响。同时可能存在施工海域为渔区,布置有渔网,处理难度大,影响施工进度。

5.1.4 案例应用

以某漂浮式风机为工程背景,对上述锚链主要构造进行说明。

该项目样机建设工程规划场址位于湛江市徐闻县前山镇罗斗沙海域,处于琼州海峡东口。场址涉海面积约1.568km^2,场址距离西侧徐闻县陆域的最近距离为12.8km。拟安装单机容量为5MW的海上浮式风机样机1台。浮式风机主体结构包括浮式平台、风电机组以及3个桩锚基础。浮式平台出运码头位于广东省东莞市坦涌围工业路7号;风电机组在茂名广港码头完成拼装;桩锚系统在施工海域进行安装,最后在徐闻县前山镇罗斗沙海域完成机位施工。

主要构造

该项目共配置了3套锚泊系统,分别位于浮式平台的3个立柱位置。每套锚泊系统包括3条三段式变链径无档组合锚链,且采用悬链线式布局。

系泊系统由9条组合锚链组成。单条组合锚链重达约286t,单套锚泊系统锚链重达约858t。其中,2号桩锚与3号桩锚的每条铺设锚链由265m的ϕ208锚链+191m的ϕ122锚链组成,单条锚链重量为284.70t;1号桩锚每条锚链由265m的ϕ208锚链+131m的ϕ122锚链组成,单条锚链重量为266.94t。每条系泊缆的导链轮至桩锚的设计自然长度为431m,导链轮至桩锚基础水平投影距离为410m。单条锚链的规格参数如表5-1所示。

单条组合锚链规格参数 表 5-1

锚链段	直径(mm)	长度(m)	等级	干重(kg/m)	破断张力(kN)	轴向刚度(N/m)
上段锚链	122	60	R3S 级	296.2	12690	1.27×10^9
中段锚链	122	131	R3 级	296.2	11365	1.27×10^9
下段锚链	208	280	M2 级	861.0	24140	3.69×10^9

5.2 铺设前的准备工作

5.2.1 扫海测量

施工海域一般具备流速快的特点,对水下作业及船舶就位具备较大影响,应在施工前进行扫海测量,明确施工海域的潮流情况,包括各阶段的流速流向,以选择合适的窗口期进行作业。同时根据潮流情况,合理进行施工部署及船机设备等的调度。

5.2.2 起重船前期准备

起重船作为整个锚链铺设过程中最主要的运输及施工设备,船上需布置各类设备及物资。因此在施工前需对起重船甲板面进行清理,同时应对起重船甲板面进行规划,合理划分物资设备存放区和作业区,并在施工前完成履带式起重机及导向架原材料的转移、吊索具装船及布置、锚链倒驳、饱和潜水设备倒驳、导链、止链装置安装等。

5.2.3 饱和潜水作业条件确认

饱和潜水作业是一项高风险的活动,受多种因素影响并且可能随时发生危险,同时外部环境处于不断变化之中,其安全风险的特点主要包括随机性和多变性。为保障潜水作业人员的安全以及作业内容的顺利进行,应提前对饱和潜水作业的条件进行确认。只有确保各项条件满足饱和潜水作业的需求时,才可开始进行潜水作业。主要包括以下内容:

(1)查看天气预报,确认天气条件允许作业,并具备足够的作业窗口期;饱和潜水作业要求现场流速≤1kn,涌浪高度≤1.2m;

(2)确认已召开JSA风险识别会;

(3)作业开始前,召开工前会(TBT),向每个施工作业人员传递此次作业的具体内容信息,确保每位施工人员了解自己的责任和作业内容。所有与会人员进行签字确认;

(4)作业前检查:

①潜水钟内外检查;

②检查氧气瓶气压;

③检查电缆线是否密封良好,氧气软管有无泄漏;

④检查潜水服是否性能完好;

⑤检查各辅助工装尺寸是否正确,性能是否完好;

⑥检查通信设备性能是否完好。

5.2.4 锚链验收与倒驳

锚链作为工程主体部分之一,进行锚链铺设前应及时组织建设单位、监理单位、施工单位以及设计单位四方对锚链数量、质量以及相关配件等进行验收。验收完成后,通过起重船将锚链倒驳至起重船甲板以及运输船。

5.2.5 案例应用

以某漂浮式风机为工程背景,对上述扫海测量和起重船前期准备进行说明。

1.扫海测量

该工程采用哨兵型自容式声学多普勒海流剖面仪(ADCP)测量施工海域分层流速。如图5-3所示。根据前期测量结果显示,作业海域潮流以全日潮流为主,分层流速测量结果显示最大流速位于落潮期间的表层,最大值为229cm/s,流向为71°(大潮期测量值);垂线平均在落潮期间平均最大流速为185cm/s,流向为71°(大潮期测量值)

图5-3 哨兵型自容式ADCP

2.起重船前期准备

1)甲板面清理

该工程所使用起重船为“宇航起重3000”号全回

转起重船。甲板面清理时，待清理设备及物资先转移至 3000t 运输船，后期转至码头存放。其甲板面清理流程如图 5-4 所示。

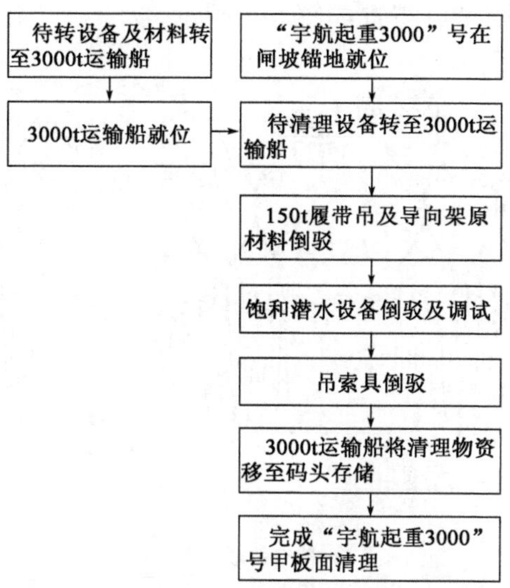

图 5-4 "宇航起重 3000"号甲板面清理流程图

清理完成后需对"宇航起重 3000"号起重船甲板面进行规划。根据目前的规划，设有锚链存放区、吊索具存放区、150t 履带式起重机作业区(导向架原材料为消耗品，不专门设置存放区域)、饱和潜水设备存放区、锚链甲板面预铺设区、绞车布置区域。

2) 履带式起重机及导向架原材料转移至"宇航起重 3000"号起重船

根据项目进展，通过 3000t 运输船将 1 台额定起重能力为 150t 的履带式起重机、导向架及止链装置制作所需的原材料，提前转移至"宇航起重 3000"号起重船的规划区域。

3) 吊索具装船及布置

"宇航起重 3000"号起重船进场前，清点在船吊索具及设备是否满足施工需要，并逐条核验设备及材料清单，将缺少的设备及材料提前转至"宇航起重 3000"号起重船进行存放。

4) 锚链倒驳

锚链通过"宇航起重 3000"号起重船在闸坡锚地倒驳至甲板，锚链存放面积约 1100m^2；单位面积所需甲板承载力约 0.776t，"宇航起重 3000"号起重船甲板的承载能力可达 12t/m^2。因此"宇航起重 3000"号起重船的甲板满足锚链存放要求。

倒驳时预先将货船抛锚至起重船右舷，"宇航起重 3000"号起重船将锚链分别倒驳至"宇航起重 3000"号起重船甲板与运输船甲板。锚链倒驳顺序暂定为：

(1) 3 根 265m 长 ϕ208 锚链倒驳至"宇航起重 3000"号起重船甲板面；

(2)2 根 191m 长 ϕ122 锚链倒驳至“宇航起重 3000”号起重船甲板面；

(3)其余各段锚链倒驳至 1 艘 3000t 运输船甲板。

ϕ208 + ϕ122 锚链倒驳吊点布置如图 5-5 所示。

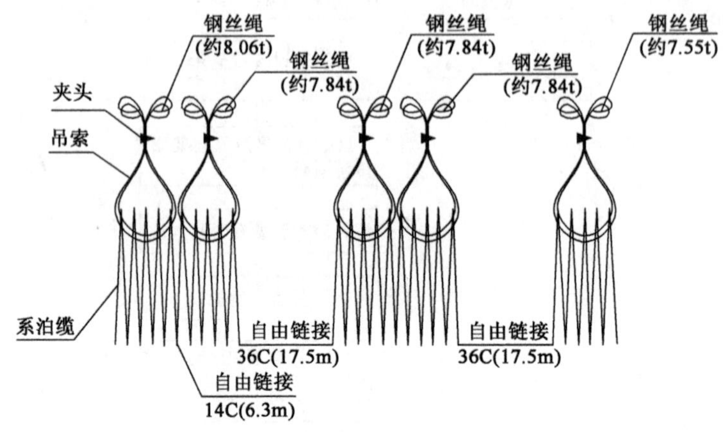

图 5-5 锚链倒驳吊点布置图

5)饱和潜水设备倒驳

饱和潜水设备先通过陆运方式到达转运码头,然后在码头用吊机转运至 3000t 运输船上,再通过 3000t 运输船倒驳至“宇航起重 3000”号起重船规划区域,暂用面积不低于 500m^2。

6)锚链铺设工装准备

锚链铺设工装包括解扭工装以及阻扭工装。根据锚链铺设工装设计图纸,对材料进行加工处理,随后进行拼装,完成后再将其安装至设计位置。

锚链解扭工装布置于“宇航起重 3000”号起重船甲板,具体形式如图 5-6 所示。

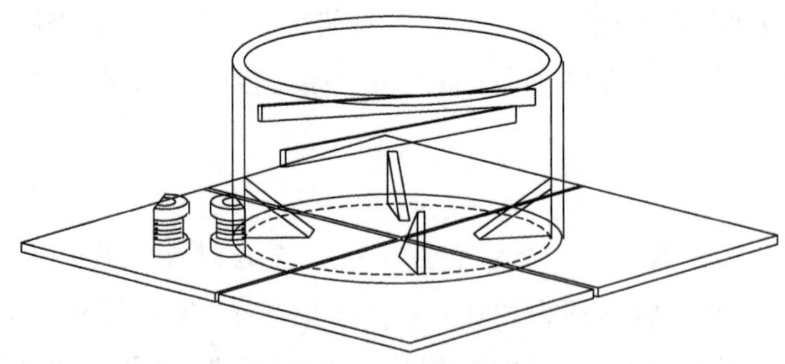

图 5-6 锚链解扭工装整体示意图

锚链阻扭工装布置于“宇航起重 3000”左舷舷侧,其中心与锚链解扭工装出链位置对齐,其整体形式如图 5-7 所示。

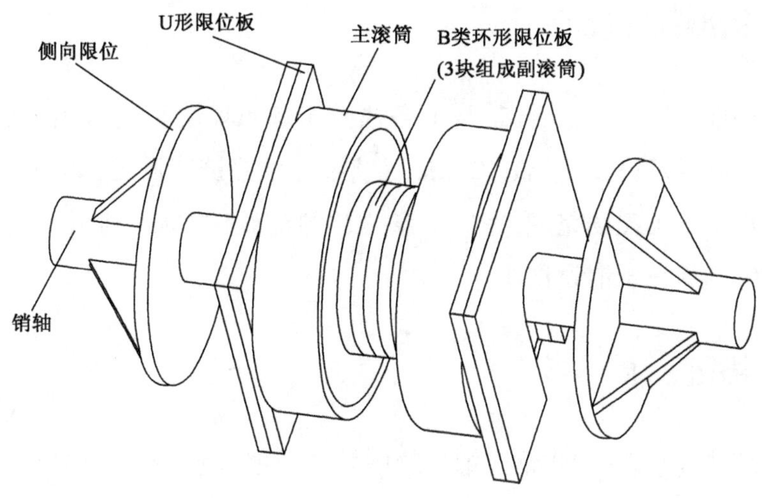

图 5-7　锚链阻扭工装整体示意图

5.3 铺设过程

锚链铺设过程主要包括锚链预铺设、锚链入水、锚链对接、锚链铺设、锚链铺设路由控制、锚链末端安放等过程。单条锚链铺设流程如图 5-8 所示。

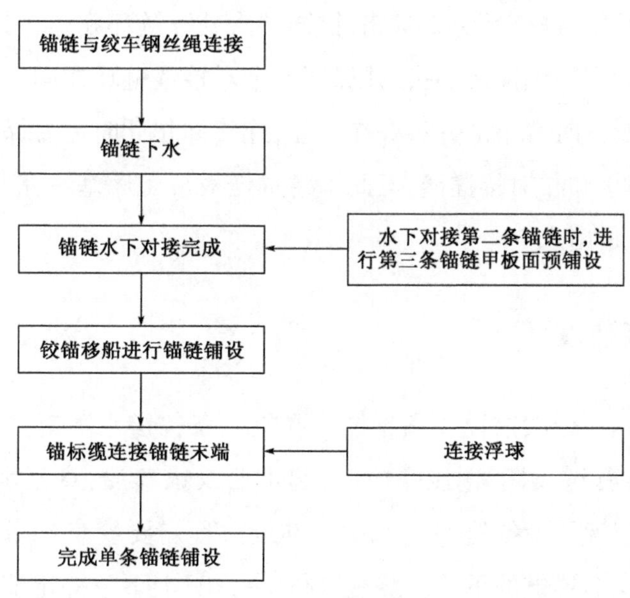

图 5-8　锚链铺设流程

5.3.1 锚链预铺设

起重船前期准备完成后，在锚地将1条锚链于起重船甲板进行预铺设。该过程应保证锚链位置正确、线型梳理平顺，以保证后续第一条锚链铺设工作的顺利进行。其余锚链预铺设工作于施工现场完成，完成1条锚链的铺设作业后，利用起重船移船时间，完成下一条锚链的甲板预铺设作业。

5.3.2 锚链入水

锚链入水环节，应提前确定锚链铺设顺序并按顺序入水，入水时应在锚链上安装连接卸扣，确定锚链的吊点并利用履带式起重机起吊锚链。待锚链可以在自重作用下滑入水中后，操作绞车保持受力，并用止链装置卡住锚链，随后使履带式起重机吊钩不受力，在船舷边解除履带式起重机吊点，通过绞车继续下放锚链。锚链下水后，由潜水员用钢丝绳连接锚链第一个端头，并做好水下对接锚链端头的准备工作。

5.3.3 锚链对接

锚链对接工艺中，首先需要潜水员在预装锚链和对接锚链端头挂设浮袋，并对浮袋充气直至锚链端头平躺、锚链呈竖直状态，锚链端头处锚链环和连接卸扣提升成悬空状态。浮袋充气完成后应微调锚链端头，并保证2个对接锚链环在同一条直线上，且2个锚链环在俯视视角观察时有小部分重叠在一起，连接卸扣此时需要保持竖直向下状态。之后潜水员拆、装连接卸扣对接锚链，至此1条锚链对接工序基本完成。最后步骤为转移辅助工装、潜水人员出水。

5.3.4 锚链铺设

铺设过程应按顺序依次铺设3条锚链。在前一条锚链水下对接时，同步进行后一条锚链的甲板面预铺设。水下连接完成后，起重船绞锚移船，直至水下锚链呈悬链线状，然后缓慢放出钢丝绳，使锚链滑入水中。铺设过程需要绞车与船体配合移动，使剩余锚链继续下放。同时锚链的下放应缓慢进行，一次只能下放一定节数的锚链，之后进行绞锚移船，如此重复直至船体到达铺设预设终点。

5.3.5 锚链铺设路由控制

测量人员提前对起重船以及锚链铺设相关设备进行标定，并将数据导入测量系统，在系统中建立起重船模型并标定出锚链下水点位置。以测量系统中的锚链下水点作为锚链铺设路由确认的依据，每次移船完成后，需保证测量系统中测量得出的锚链下水点与设计路由之间的间距小于设计要求，并对实际锚链路由进行检查，以保证锚链铺设路由的精确性。

5.3.6 锚链末端安放

锚链铺设至最后一定长度时，停止移船并固定锚链，同时锚链在甲板上的端头需要预留 3 节锚链自由端，用于连接锚标缆；将锚标缆与锚链预留的自由端端头进行连接，之后继续下放剩余锚链，并利用锚标缆的自重，将浮标滑出起重船的甲板落入海面，完成一条锚链末端的安放工作。

5.3.7 案例应用

以某漂浮式风机为工程背景，对上述锚链铺设过程进行说明。

1. 锚链预铺设

"宇航起重 3000"号起重船前期准备完成后，在锚地将第一条锚链与第二条锚链在"宇航起重 3000"号起重船甲板进行预铺设。具体步骤为：

（1）用主吊机把第一条锚链与第二条锚链从锚链摆放区吊运至锚链预铺设区域；

（2）在 150t 履带式起重机的辅助下，将锚链位置调整正确、线型梳理平顺；其余锚链堆放至 3000t 运输船甲板面。

2. 锚链入水

1）锚链编号与铺设顺序

该工程锚链铺设顺序为：2-1 锚链、2-2 锚链、2-3 锚链、1-1 锚链、1-2 锚链、1-3 锚链、3-1 锚链、3-2 锚链、3-3 锚链。各桩锚对应的锚链编号如图 5-9 所示。

2）ϕ208 锚链入水

锚链入水前，将 ϕ208 锚链的连接卸扣安放于锚链端头；提前将绞车通过 1 个动滑轮，与锚链预设吊点前方的锚链环进行连接，然后将 150t 履带式起重机臂架旋转至第 10 节 ϕ208 锚链吊点的上方，预设吊点为锚链离船点向锚链方向 8m 左右。

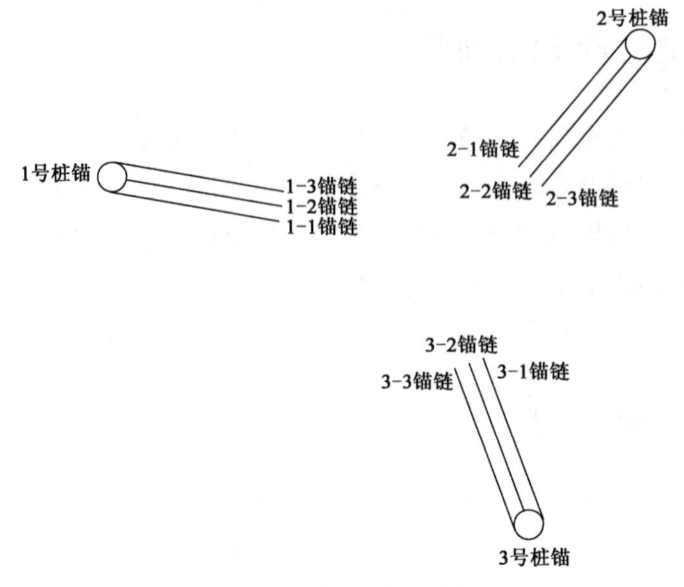

图 5-9　锚链编号示意图

150t 履带式起重机下放吊钩，将吊点与吊钩通过 ϕ54 钢丝绳连接，吊起锚链并旋转臂架至船舷边，使锚链穿过导链装置，然后通过转移 150t 履带式起重机吊点，一节一节地将锚链移至水中。当 20 节锚链滑至水中后，锚链可以在自重作用下滑入水中。此时缓慢下放 150t 吊钩，同时绞车保持受力并用止链装置卡住锚链履带式起重机吊钩不受力后，在船舷边解除履带式起重机吊点，再通过绞车继续下放锚链。

3）限位钢丝绳连接 ϕ208 锚链端头

潜水员水下待命，远离锚链路由，协助指挥锚链水下就位；待潜水员找到递物砣后，甲板人员顺着递物钢丝滑下第二根钢丝，潜水员将传递下来的第二根钢丝系绑于身上，抵达至锚链入泥点位置，并将钢丝绳系绑固定于入泥点锚链处，建立递物导向绳。在锚链下水前，将甲板面锚链末端连接 1 根长 16m、直径为 30mm 的限位钢丝绳，并将限位钢丝绳通过 1 根导向绳连接到递物钢丝上；绞车配合 150t 履带式起重机下放锚链至泥面，同时限位钢丝绳随着锚链同步下滑；确认锚链就位后，潜水员通过导向绳拉回预先装在下放锚链端头的限位钢丝绳，与泥面预铺设锚链出泥处的第一个端头连接；连接好限位钢丝绳后，潜水员回到潜水钟，同时通知甲板人员进行下一步施工工序。

4）水下对接锚链端头

甲板潜水指挥员通知潜水员出潜水钟，观察对接锚链平铺情况，此时 79.4m ϕ208 锚链的端头与预安装的锚链端部对齐（锚链交错约 1.5 个链环），为卸扣安装最理想状态。若不能完全对齐，后续潜水员可使用手拉葫芦微调，确保后续对接锚链工作点在潜水员可活动范围内，锚链端头对齐如图 5-10 所示。

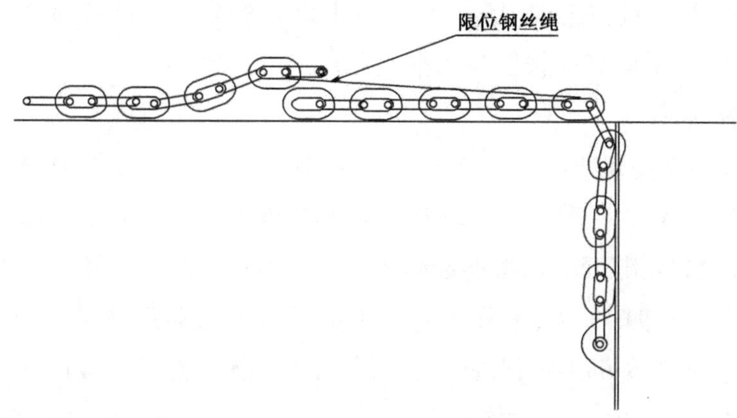

图 5-10　锚链端头对齐示意图

3. 锚链对接

1)挂设浮袋

甲板潜水指挥员指挥施工人员将 3t 和 5t 浮袋、5t 吊带、手扳葫芦、尼龙绳等辅助锚链对接工具,通过递物 A 架下放到锚链对接位置处;然后甲板施工人员将高压气管下放至锚链对接位置;2 名潜水员在预装 15m 锚链端头处,将 5t 吊带连接到锚链环中,将 3t 浮袋通过 2 条 5t 吊带挂设于相应的链环上,根据水下现场施工需要,将吊带连接到相应锚链环位置;另外对接锚链端头同样根据水下现场施工需要,在相应锚链环位置处挂设 2 条 5t 吊带和 1 个 5t 浮袋;同时将锚链连接卸扣本体用尼龙绳绑在对接锚链端头顶部固定,完成锚链对接前的准备工作。

2)浮袋充气

在准备工作完成后,潜水员首先将高压气管接口与浮袋接口对接,将高压空气充入浮袋内;随后将高压空气充入预装 15m 锚链端头处 3t 浮袋,直至将锚链端头平躺锚链环提升成竖直状态;然后将高压气管接入到对接锚链端头处 5t 浮袋,直至将锚链端头处锚链环和连接卸扣提升成悬空状态。锚链对接如图 5-11 所示。

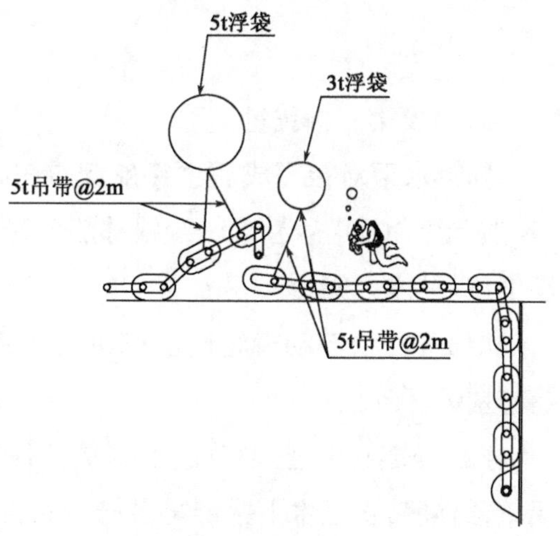

图 5-11　锚链对接示意图

3)微调锚链端头与卸扣

2 个浮袋充好高压空气后,潜水员根据此时 2 条对接锚链端头状态,通过手拉葫芦调整锚链环和连接卸扣位置;2 个对接锚链

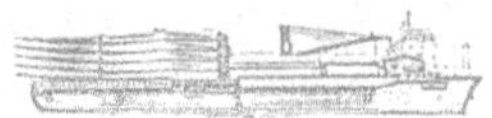

环需在同一条直线上，且在俯视视角观察时有小部分重叠一起；连接卸扣此时需要保持竖直向下状态，处于预装15m锚链端头锚链环正上方。

4）拆、装连接卸扣

待锚链端头和连接卸扣位置调整完成，潜水员首先将连接卸扣销轴保险销拔出，放入潜水员存放工具箱；然后潜水员手动将连接卸扣螺帽拧开，放入存放工具箱；拧开销轴螺帽后，2名潜水员相互配合，将连接卸扣销轴拉到另一端销轴孔位置处，具体做法是1名潜水员用手扶着卸扣本体，另外1名潜水员通过手扳葫芦将销轴拉到销轴孔位置处，此时需要在销轴端头绑1根保险绳；销轴拔出后，潜水员通过缓慢卸放5t浮袋中的高压空气，使锚链端头和连接卸扣缓慢下放，同时调整2个锚链环之间和连接卸扣的位置，待卸扣本体销轴孔位置下移至锚链环中时，2名潜水员配合将销轴推入卸扣本体内；最后潜水员将工具箱内的螺帽拧到销轴上，保险销重新插入销轴插拔孔里。完成此项工作后，一条锚链对接工序基本完成。

5）转移辅助工装

1条锚链对接完成后，首先将3t和5t浮袋内的高压空气放出，使锚链平躺在海床面上；然后需解除浮袋、吊带、手扳葫芦等工具，将其放置至下一条锚链对接处备用。

6）潜水人员出水

潜水员完成转移辅助工装工作后，对海底的锚链进行检查确认，锚链对接无误后向甲板潜水指挥员报告1条锚链对接完成，请求返回潜水钟内；待2名潜水员返回潜水钟后，拆掉随身携带的潜水设备，关闭潜水钟舱口盖后，向甲板潜水指挥员报告可以将潜水钟提升出水；当潜水钟出水并吊到"宇航起重3000"号的甲板面后，一条锚链对接工序完成，开始进行锚链铺设作业。

4. 锚链铺设

1）铺设第一条锚链

锚链水下对接完成后，"宇航起重3000"号起重船继续绞锚移船，开始铺设作业；在"宇航起重3000"号起重船绞锚移船的过程中，通过绞车与主作业船舶配合完成锚链铺设工作，具体方式为：

（1）先将绞车动滑轮连接120t弓形卸扣，卸扣再与ϕ54压制钢丝绳连接，并用钢丝绳与锚链环连接；

（2）锚链水下连接完成，潜水员及各种辅助工装上水之后，"宇航起重3000"号起重船绞锚移船，直至水下锚链呈悬链线状；

（3）绞车缓慢放出钢丝绳，使锚链滑入水中，每次通过绞车放出10节，ϕ208锚链链

环每隔 10 节刷上白漆,以便于辨认下放长度;

(4)待 10 节锚链完全放出后,"宇航起重 3000"号起重船向铺设方向绞锚移船 7.5m;

(5)重复第 3、4 步,直至 ϕ208 锚链只剩下 6 节。此时通过绞车放出 6 节 ϕ208 锚链,"宇航 3000"号起重船绞锚移船 4.512m;

(6)此时开始铺设 ϕ122 锚链。绞车先放出 16 节 ϕ122 锚链,链环每隔 16 节刷上白漆,以便于辨认下放长度。待锚链完全放出后,"宇航起重 3000"号起重船再绞锚移船 7.6m。循环以上步骤,直至"宇航起重 3000"号甲板面上的 ϕ122 锚链剩下 108 节。此时通过绞车放出 16 节 ϕ122 锚链后,"宇航起重 3000"号起重船绞锚移船 7.488m,船体到达铺设预设终点,一条锚链铺设完成。铺设锚链时,先放出锚链再绞锚移船,以保证锚链链环与链环连接紧凑,如图 5-12 所示。

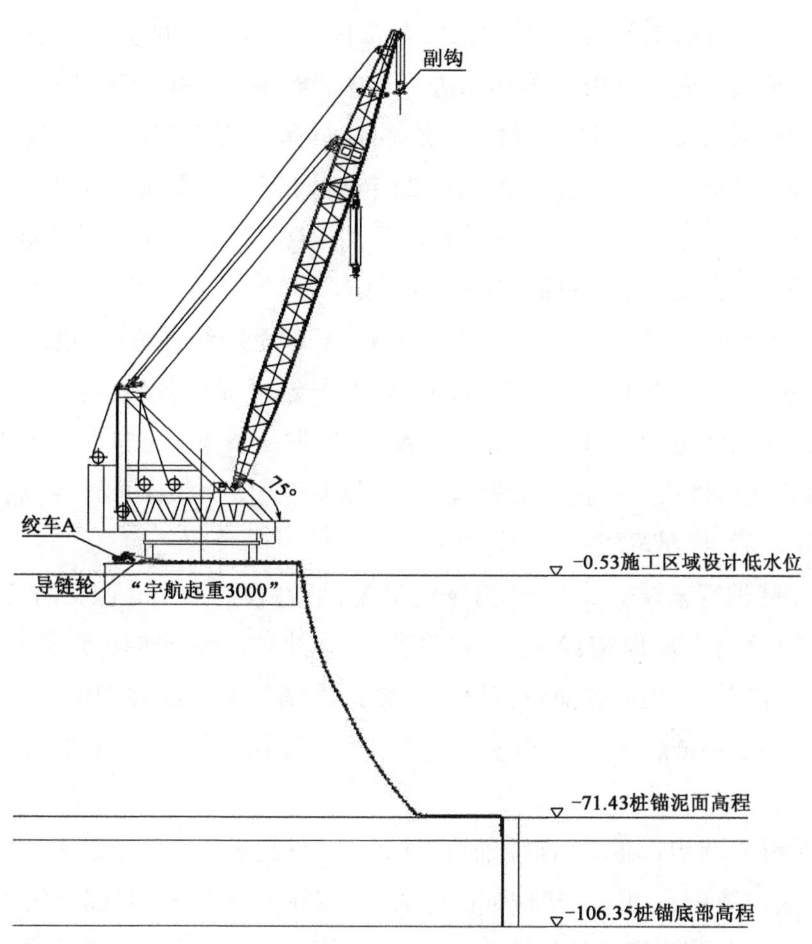

图 5-12 锚链铺设侧视图(尺寸单位:m)

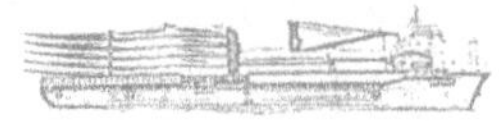

2)铺设第二条、第三条锚链

第一条锚链铺设完成之后,“宇航起重3000”号起重船绞锚移船,返回桩锚中心处。在移船返回的途中,“宇航起重3000”号起重船调整艏向,使艏向与锚链铺设路径垂直,回到锚链初始铺设地点时,开始进行其余锚链的起吊入水和水下对接工作;在第二条锚链进入水下的同时,从货船处吊运第三条锚链至锚链预铺设区域,在150t履带式起重机的辅助下,将第三条锚链的位置调整正确、线型梳理平顺;第二条锚链完成水下对接的过程中,第三条锚链能够完成甲板面预铺设工作,之后进行第二条锚链的锚链铺设作业,第三条锚链和其余桩锚处的锚链铺设整体流程与第一、二条锚链相同。

5. 锚链末端安放

当锚链铺设至最后91m锚链时,“宇航起重3000”号起重船停止移船,此时保持绞车受力,并用止链装置将锚链固定。锚链在甲板上的端头需要预留3节锚链自由端用于连接锚标缆。将提前倒驳至甲板上的100m锚标缆卷入绞车的卷筒中,将锚标缆与锚链预留的自由端端头通过200t弓形卸扣进行连接,再用一个3t浮球与17t弓形卸扣连接锚标缆。绞车保持受力将锚链缓慢下放,使锚链呈垂直于泥面状态时,“宇航起重3000”号起重船向侧面绞锚移船,将91m ϕ122锚链向侧向铺设60m,再反向绞锚移船,将剩余31m铺设完成。最后通过锚标缆的自重,将浮标滑出“宇航起重3000”号起重船的甲板落入海面。完成第一条锚链末端安放工作。

完成第一条锚链的铺设后,“宇航起重3000”号起重船绞锚移船,避开浮球后再绞锚前往下一条锚链的铺设地点。“宇航起重3000”号起重船离开后,用1艘拖轮将锚标缆拉起并固定在船舷边,解除其与浮球的连接,并将另一条80m ϕ54钢丝绳用55t弓形卸扣连接,再将浮球连接上后接入的钢丝绳,解除船舷边的固定的锚标缆放入水中,向后拖带一定距离后,将浮球放入水中。

第二条锚链进行末端安放时,先将锚链沿铺设路由铺设45m,再反向绞锚移船,将锚链沿锚链铺设路由反向铺设46m,并将锚标缆用17t卸扣连接浮球。“宇航起重3000”号起重船离开后,用一艘拖轮将第一条锚链的锚标缆拉起并固定,将第三条锚链的锚标缆与第一条锚链后接入钢丝绳,通过55t弓形卸扣连接,向前拖带60m后将浮球放入水中。

第三条锚链末端91m ϕ122锚链铺设,除了“宇航起重3000”号起重船绞锚移船的方向相反,其余与第一条相同。锚链铺设完成且“宇航起重3000”号起重船离开后,用1艘拖轮将第一、二条锚链连接的钢丝绳拉起,再将第三条锚链的钢丝绳与55t弓形卸扣进行连接,然后将浮球沿桩锚方向拖行80m。至此,3条锚链的末端安放工作完成。

所有锚链铺设完成如图 5-13 所示。

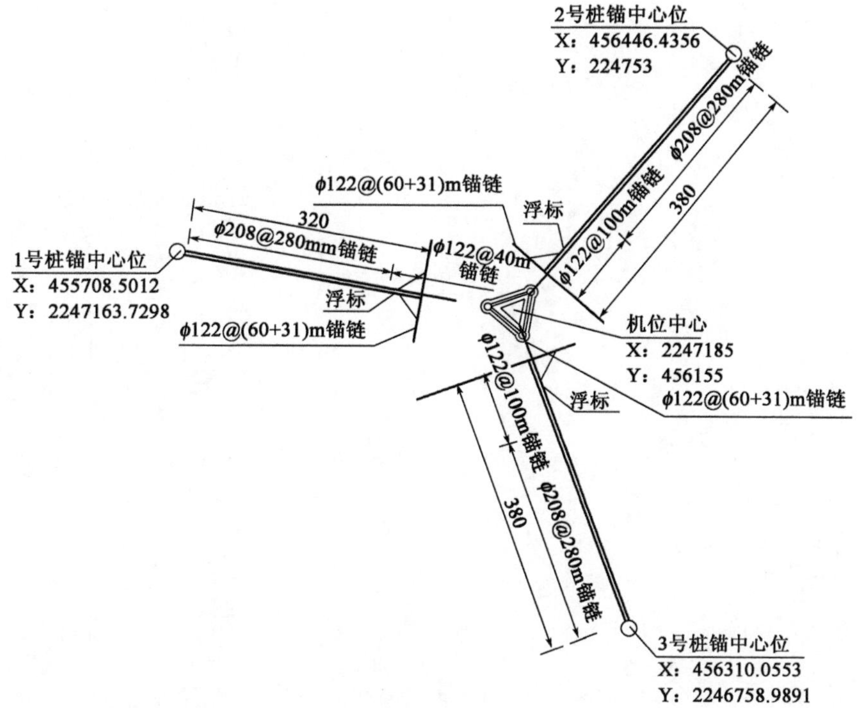

图 5-13　锚链铺设完成俯视图(尺寸单位：m)

CHAPTER 6 第六章

拖航的技术论证与实践

6.1 拖航的技术要点

6.1.1 拖航系统组成

海上拖曳设备可分为固定拖曳设备和活动拖曳设备。固定拖曳设备包括:拖缆机(拖缆绞车)、拖钩、拖索拱架(承梁)、拖缆滚筒(导缆器)、拖力眼板、拖桩、拖缆孔等。活动拖曳设备又称拖索具,包括:主拖缆、备用拖缆、短缆、过桥缆、龙须缆(链)、三角板、卸扣、拖曳环及回收缆等。在实际配置中,主拖缆及备用主拖缆一般由拖轮提供,其余拖索具由被拖物配置。此外,被拖物按规范配置的拖索,也可作为备用拖索。

主拖缆和备用主拖缆通常采用镀锌钢丝绳,其缆芯为硬质钢芯或麻芯,表面涂黄油以保持良好的润滑和防锈。主拖缆和备用主拖缆的最小破断负荷按拖轮系柱拖力确定,其长度由拖航时间、拖轮系柱拖力和拖缆最小破断负荷共同确定。无限航区或近海航区的拖轮,其主拖缆和备用主拖缆应尽可能分别卷绕在各自独立的滚筒上。如不能做到,应将备用主拖缆存放在能确保安全、有效、快捷、容易地转移至主拖滚筒的位置。

短缆是连接主拖缆和龙须缆之间的一段缆索,俗称过桥缆。在无限航区或近海航区拖航作业时,拖轮与被拖物在接拖操作时,技术上需要使用短缆,其长度一般是10~30m,特殊情况可使用更长的短缆。短缆可采用钢丝绳或尼龙绳,通常采用钢丝绳。

龙须缆是为保持被拖物的航向稳定性,从布置于船首两侧的拖力点连接至三角板的拖索具。

回收缆用于被拖物解拖时回收龙须缆或全部拖索具。回收缆一端应用卸扣连接至三角板的专用环上,另一端固定在回收机械上。回收缆通常采用钢丝绳,其破断负荷应不小于龙须链自重的3倍,但在任何情况下均不小于196kN。

常用的拖缆连接件主要有三角板和连接卸扣,但在使用单根龙须缆时,可采用连接环或卸扣将龙须缆与主拖缆连接。

船舶拖带作业按航行区域可划分为:海上拖带、锚地拖带、港口拖带和内河拖带。按拖带方式可分为:吊拖、首拖、绑拖(傍拖)和顶推等。吊拖能充分发挥拖轮的牵引力,适用于海上长距离拖带作业。绑拖为船靠船拖带,因此在港口和锚地中经常使用这种拖带方式。顶推在内河运输中较为常用,也常用于协助巨型船舶在港内掉头。

以某漂浮式风机为工程背景，本节对拖航相关技术要点进行概述。

6.1.2 拖航组织机构

拖航是一项高风险、高难度、技术性强的施工作业，提前邀请业内相关专家组进行拖航评审，同时需要公司和项目部全过程多部门联合，指挥权多级分配，责任和权力必须清晰、明确。整体组织以拖航总指挥为第一责任人，逐级划分权责如图 6-1 所示的拖航组织机构图，确定拖航过程中各阶段各人员的组织、管理层级，以便安全、高效、顺利、圆满地完成平台拖航任务。

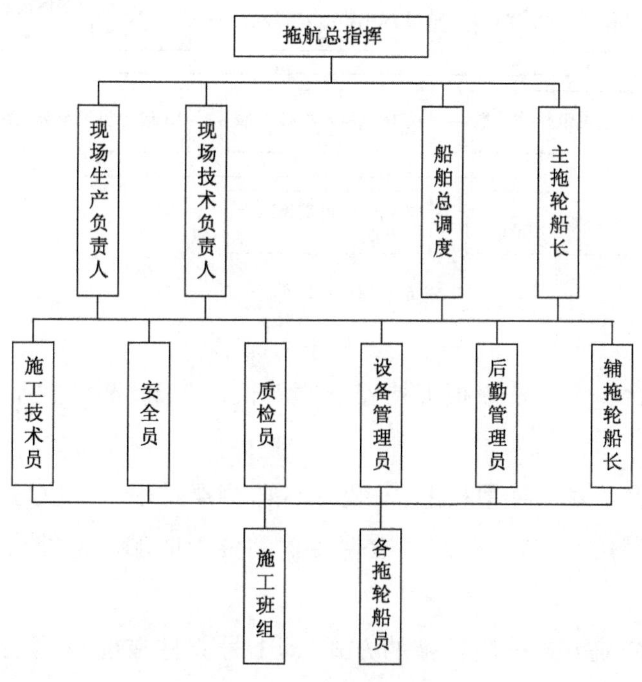

图 6-1　拖航组织机构图

6.1.3 拖航施工流程

拖航专项整体施工流程如图 6-2 所示。

6.1.4 拖航重难点及解决方法

1. 浮式平台运动状态监测与控制

拖航过程浮式平台姿态是影响稳定性的重要因素之一，如何通过调整浮式平台姿

态来保证其稳定性成为一个问题,即浮式平台运动状态监测与控制,是拖航施工方案的重难点之一。

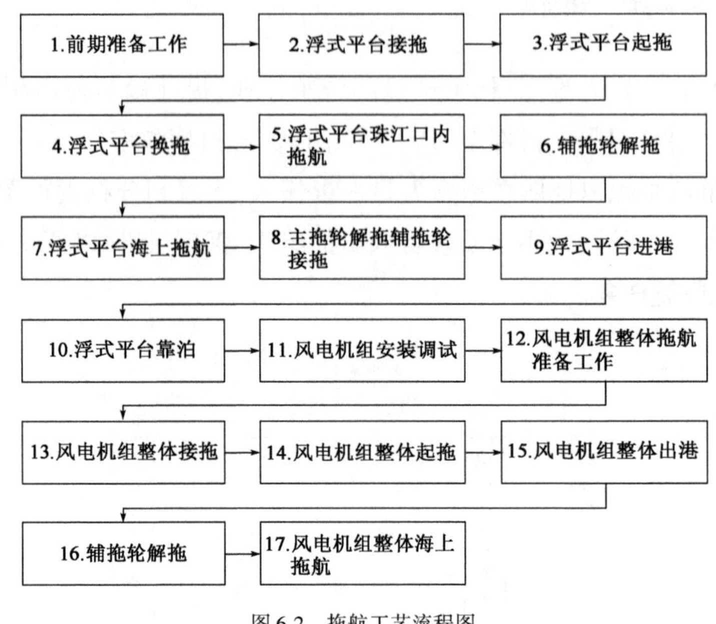

图 6-2　拖航工艺流程图

解决措施:

(1)在浮式平台 3 个立柱甲板上均安装倾斜仪,用于监测浮式平台运动姿态,精度为 0.01°;

(2)在浮式平台 1 号立柱甲板上,安装 GPS 监测浮式平台方位与速度,精度为 5cm;

(3)采用搭建网桥的方式,将监测数据传输到位于船舶的监控台上,便于作业人员查看;

(4)浮式平台拖航方式采用反拖的方式,即 1 号立柱在前,2 号、3 号立柱在后的方式,减小阻力,增加稳定性;

(5)与浮式平台连接的 3 艘拖轮呈品字形排布,使浮式平台无论朝哪个方向倾斜,都能够通过拖轮改变速度与方位,调整至平衡状态。

2. 浮式平台通航安全评估

浮式平台拖带航段的航线较多、航程较长、环境复杂、船舶杂乱,整个拖带过程的通航安全评估,是拖航施工方案的重难点之一。

解决措施:分别从拖航航线合理性、拖航作业碍航性、安全作业条件、水上交通秩序影响以及通航安全等几个方面,对其进行综合性分析,以确保拖带过程安全、稳定、合理。

3. 拖航手续办理

由于浮式平台拖航属于沿海大型设施和移动式平台水上拖带，浮体拖带进出港需要向当地主管机关（海事局通航处）申请大型拖带许可。同时施工方需要向主管机关提交相关资料，申请发布交通管制，待主管机关核查无误后，根据施工方提供的浮体拖航计划，发布航行警通告。在办理手续过程中，主管机关要求提供的资料较为专业，且一般施工方较少涉及此项业务，容易造成手续办理不及时或者与主管机关沟通不畅，导致无法办理的结果。所以拖航手续办理，是能否成功拖航的关键因素。

解决措施：

(1)施工方制定浮体拖航计划时间线，提前安排专人负责与主管机关沟通联系，掌握主管机关对大型拖带的最新政策和所要提供核查的资料清单；

(2)提前将所要提供的核查资料准备完善，必要时将核查资料发送给主管机关相关业务人员进行预查，如需修订，也能够留下足够时间；

(3)一旦施工方没有类似办理拖航手续经验，可以提前向主管机关了解行业内的专业机构进行代理服务。施工方需要提前与专业机构联系并谈妥拖航手续办理的全部服务内容，然后配合专业机构完善核查资料等。

4. 主辅拖轮换拖施工

由于浮式平台拖航进港靠泊涉及主辅拖轮换拖施工流程，一旦在换拖过程中发生拖缆交接失败，可能会造成拖缆沉入海底，必须等潜水员将拖缆打捞上船后才能完成换拖。在这期间浮式平台将无法保证稳定，会造成重大的安全事故。同样拖缆交接不顺，也可能会导致拖缆缠绕主拖轮螺旋桨，造成主拖轮螺旋桨受损和关键性设备故障，影响后续的拖航施工任务。

解决措施：

(1)浮式平台拖航施工前，组织主辅拖轮各船长及相关单位召开拖航协调会，细化拖航流程细节及应急措施方案，梳理明确拖航指挥机构及相关责任人在拖航期间的职责；

(2)施工方提前对技术人员进行拖航施工技术交底，分配好对应技术人员所负责的拖轮施工任务；

(3)施工技术人员在各自负责拖轮对所有施工船员进行施工内容交底，交底必须要细化每一步流程、人员分工等情况；

(4)如果条件允许，可以让负责换拖的 2 艘主辅拖轮进行现场预演，演习完成后再进行总结优化。

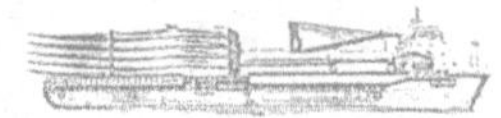

5. 整体拖航防台

由于浮式平台庞大的体积与较长的拖带时间,一旦在拖带过程中遭遇台风,会造成重大的安全事故,所以整体拖航防台是拖航施工方案的重难点之一。

解决措施:

(1)设计航线应充分考虑航线附近是否有可安全停泊的锚地,尽量靠近海岸线航行;

(2)为本次拖带任务定制专门的气象服务;

(3)安排专人实时反应天气情况;

(4)一旦发生情况,提前将情况通知拖带船队;

(5)成立拖航应急小组。

6. 气象条件预测

由于浮式平台拖带航线较长,在海上拖带时间占据整个航段的2/3,而对海上拖航影响最大的就是海上的气象条件,因此选择合适的气象条件出发,是一个重难点。

解决措施:

(1)需要提前对所经过的航段的海况进行监测,判断其规律;

(2)为本方案的拖航任务定制专门的气象服务。

6.1.5 船舶及设备投入

船舶及设备信息如表6-1所示。

船舶及设备信息 表6-1

序号	项目	数量	用途
1	拖航船舶1号	1	拖带
2	拖轮1号	1	调整浮式风机方向、系泊、护航
3	拖轮2号	1	调整浮式风机方向、系泊
4	拖航船舶2号	1	拖带
5	拖轮3号	1	清道护航,协助接拖
6	姿态和加速度监测仪	3	运动姿态监测
7	发电机	1	提供电力
8	DGPS	1	方位及速度监测
9	无线网桥	1	传输数据
10	太阳能供电系统	1	连续供电
11	卷扬机	2	辅助靠泊

6.2 拖航前的准备工作

6.2.1 拖轮前期准备工作

1)主拖轮除应满足《海上安全拖航导则》(海安会通函 MSC/Circ. 884)对主拖轮的所有相关规定要求外,还应确保以下要求

(1)航前应检查机械、通信等各种设备,应确保拖曳设备处于完好状态;

(2)要对救生器材、消防设备、号灯和号型进行详细的检查,并且满足《1974 国际海上人命安全公约》和《1972 国际海上避碰规则》要求;

(3)应配备符合航区要求的合格船员;

(4)拖轮的各种证书及文件应保证齐全有效,如拖航的稳性资料、拖航布置图、拖曳设备及索具证书、拖轮系柱拖力试验证书以及与拖航航线相适应的证书等文件;

(5)检查油水储存量,根据拖航距离备足燃料、淡水、食品等物资;

(6)要充分考虑到整个过程中的油水消耗以及附近没有补给条件,确保在突发事件发生时有足够油、水备用(例如长时间大风浪的恶劣天气等);

(7)岸基指挥组应协助船长确认气象条件满足要求,方可安排出港。

2)辅拖轮需要满足的要求如下

(1)航前应检查机械、通信等各种设备,应确保拖曳设备处于完好状态;

(2)要对救生器材、消防设备、号灯和号型进行详细的检查,并且满足《1974 国际海上人命安全公约》和《1972 国际海上避碰规则》要求;

(3)应配备符合航区要求的合格船员;

(4)拖轮的各种证书及文件应保证齐全有效;

(5)检查油水储存量,根据拖航距离备足燃料、淡水、食品等物资;

(6)要充分考虑到整个过程中的油水消耗以及附近没有补给条件,确保在突发事件发生时有足够油、水之用(例如长时间大风浪的恶劣天气等);

(7)岸基指挥组应协助船长确认气象条件满足要求方可安排出港。

6.2.2 浮式平台接拖准备工作

(1)浮式平台在拖航前需要办理拖航检验。浮式平台的建造由业主负责,相关浮式

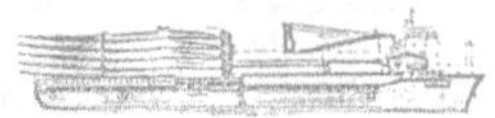

平台拖航稳性计算书、拖曳阻力计算书、拖力点的强度资料、结构强度校核等技术资料，在建造期间需要经过 CCS 海洋工程技术中心审查并通过，后续办理适拖证书时，船级社需凭借上述相关资料作为浮式平台是否适拖的依据；

(2)浮式平台在航行中预计到的所有装载和压载工况，应具有足够的完整稳性核定。如无特殊理由，应验证其满足任何适用的破舱稳性衡准，以证明其破舱稳性可达到被拖物体之前所载明的程度；

(3)浮式平台下水前，需要与制造厂家商量其下水方位。由于浮式平台在文船码头的初始方位涉及拖带方式，应依据所设计的拖带方式决定浮式平台下水方位；

(4)接拖之前，需要对所有舱口、阀、空气管等海水可能进入到浮式平台舱室及影响其稳性的开口关闭装置进行检查，确认水密和风雨密完整性。还应确认浮式平台任何水密门或其他关闭装置已安全关闭，各活动关闭板已就位；

(5)检查浮式平台是否达到适合的吃水深度和预定拖航状态的尾纵倾，尽可能保持横倾角为零，并与当时的稳性条件相适应。其中浮式平台(无风机)拖航吃水深度参照业主提供的技术说明书中为 5.8m，浮式平台(有风机)拖航吃水为 8m；拖航状态参照 CCS《海上拖航指南》(2011)第三章所述，半潜式平台的尾倾量不小 0.4m；

(6)检查浮式平台拖带所需的拖曳设备是否达到根据拖航阻力计算书的要求，相关拖曳设备是否携带有符合船级社要求的船用产品证书；

(7)检查在浮式平台上可移动或活动的设备、工具、物料是否有效绑扎和有效系固；

(8)对浮式平台上的机械设备进行检测，确保浮式平台姿态与定位监测系统处于稳定运行状态，发电机能够稳定供电等；

(9)检查浮式平台上的备用拖曳索具龙须缆是否处于完好可用状态，确保已经固定，确认包括靠泊会用到的撇缆绳、系泊缆以及电缆等，在拖航的过程中不会掉落。

6.2.3 拖航手续办理准备工作

浮式平台拖航手续办理包含浮式平台拖航《海上适拖证书》，需要向当地船级社申请浮式平台拖航检验，申请完成经现场验船师检验符合拖航要求后，即可出具浮式平台拖航《海上适拖证书》。需要注意在向主管机关提交核查资料前，浮式平台拖航的《海上适拖证书》必须处于有效期内。同时在浮式平台起拖前(通常情况一周内)向当地主管机关提交相关资料，申请发布交通管制。主管机关进行浮式平台拖带作业安全核查工作，核查无误后，根据施工方提交的浮式平台拖航计划发布航行警通告。在办理发布航行警通告的同时，要向到底港口调度中心申请出港计划，同时还要向海事交管中心申请浮式平台拖航应急锚地等。因申请出港计划和应急锚地需要在当地港口船舶统一调度管理平台申请,通常情况施工方不会使用这些平台,可以寻找相关专业机构代理施工方进行申请,且此类代理机构更为专业,熟知系统要求,能极大提高办理申请效率。

浮式平台拖航需要提供给主管机关进行安全核查的资料清单如下:

(1)《航行通告申请书》和《国内航行船舶进出港报告表》;

(2)《海上适拖证书》及其复印件;

(3)浮体拖航进、出港口拖带计划;

(4)实施拖带的主辅拖轮清单;

(5)各拖轮的安全生产管理协议;

(6)船舶资料;

(7)大型设施和移动式平台的技术资料(提供清单目录);

(8)海安警戒护航方案;

(9)浮体拖航通航安全保障措施方案;

(10)委托证明及委托人和被委托人身份证明。

6.2.4 案例应用

本节以某漂浮式风机为工程背景,对上述的准备工作进行说明。

首先在文船码头通过吊机安装警示灯、菱形体号型、软梯、发电机以及在浮式平台上放置拖曳索具,同时为了拖航过程中能够准确观察浮式平台的运动状态,需要提前在文船码头对浮式平台进行标定,然后在浮式平台的每个立柱上安装 GPS 和姿态仪以及配套设备,实时监测浮式平台的位置、速度、艏向、倾斜度以及加速度,保证拖航安全,布置形式如图 6-3、图 6-4 所示。

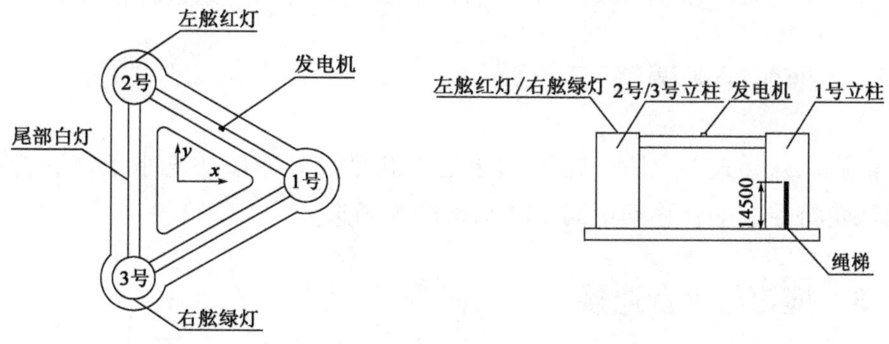

图 6-3 警示灯、软梯、发电机布置形式(尺寸单位:mm)

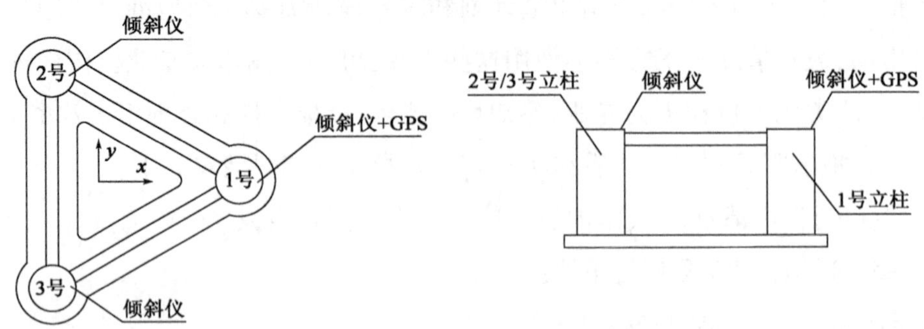

图 6-4　浮式平台运动监测系统布置形式

(1)将需要安装或放置在浮式平台之上的设备及材料放置在文船码头,包括 1 台 500kW 发电机、3 盏警示灯、1 个菱形体号型、1 个 15m 长软梯、2 条 200m 长系泊缆、2 条 150m 长撇缆绳、2 条 100m 长龙须缆、3 台倾斜仪、1 台 GPS、无线网桥系统以及太阳能供电系统;

(2)通过文船码头的吊机与工作人员配合,将材料及设备转移至浮式平台上。吊装结束后,可使用吊机辅助浮式平台接拖工作;

(3)需要提前在浮式平台上焊接浮式平台操作平台定位点,便于拆装操作平台。

6.3 接拖

浮式平台的接拖主要包括拖航会议、拖航船舶调整、拖轮与平台连接 3 个部分。

6.3.1 拖航会议

在拖航开始之前,浮式平台拖航总指挥需制定好浮式平台拖带方式及拖带航线,将具体信息告知所有参与作业的人员,并对各船舶之间的通信联系进行检查。

6.3.2 拖航船舶调整

接拖前需确认浮式平台所处位置水深是否满足拖航船舶的吃水条件。若不满足,需提前用拖轮将浮式平台移动至满足吃水条件的码头。

6.3.3 拖轮与平台连接

接拖时,拖轮、拖航船舶移动至浮式平台各立柱处,采用已连接卸扣的龙须缆及尼龙缆，将拖轮和拖航船舶与浮式平台的立柱拖曳眼板进行连接。完成缆的连接后，需调整拖缆长度，使拖轮、拖航船舶位于合适的位置，检查各构件情况，并确认浮式平台是否已处于适拖状态。

6.3.4 案例应用

本节以某漂浮式风机为工程背景，对上述的浮式平台接拖过程进行说明。

1. 拖航会议

浮式平台拖航总指挥由拖航船舶 1 号船长担任，拖航副总指挥岸基协调由项目部总工担任，拖航船舶协调由项目部总调度担任。

接拖前拖航总指挥召开拖航会议，对所有参与接拖作业的人员进行技术交底，熟悉具体作业程序和要求，核实拖航计划准备情况与风险管控措施的落实情况。

明确通信方式，检查通信设施，确保通信畅通。

2. 拖航船舶调整

该浮式平台的拖航起始于文船码头，由文船码头前往 1 号大濠州锚地的过程采取单拖方式，其要求“赤港拖 2”连接 1 号立柱，倒拖浮式平台，“长大 22”与“赤港拖 1”连接 1 号、3 号立柱，辅助拖航。

由于文船码头与前往 1 号大濠州锚地沿途航道平均水深不能满足“南海救 101”的吃水条件，需要全回转拖轮将“扶摇”号拖带至锚地。拖轮更换为“南海救 101”，再将其拖至茂名广港码头。

拖轮到位前先将拖曳索具及设备材料放置在文船码头，待拖轮就位后再将其转移至拖轮上。

3. 拖轮与平台连接

将龙须缆、三角板、短缆与“赤港拖 2”的尼龙缆连接在一起，移动“赤港拖 2”至浮式平台 1 号立柱，并且船艏靠向 1 号立柱。

通过“长大 21”上的吊机先将作业人员吊至拖曳眼板下方的作业平台上，再将已连接好龙须缆的卸扣吊至浮式平台 1 号立柱拖曳眼板的位置。作业人员通过手拉葫芦，将两者连接在一起，“赤港拖 2”连接完成，“长大 21”移动至“扶摇”号前方。

“长大 22”移动位置至浮式平台 2 号立柱，船艏靠向立柱，直接通过文船码头的机械设备，将已连接卸扣的尼龙缆与 2 号立柱拖曳眼板 2-2 相连接。“赤港拖 1”移动位置至

浮式平台3号立柱,船艏靠着立柱,可直接通过文船码头的机械设备。将已连接卸扣的尼龙缆与3号立柱拖曳眼板3-1相连接。

全部连接完成后,调整拖缆长度"长大22""赤港拖1"调整尼龙缆长度至船艏顶住浮式平台2号、3号立柱,"赤港拖2"调整拖缆长度至尼龙缆和短缆连接处,卸扣位于甲板尾部,检查确认所有构件连接紧固且平台处于适拖状态,"扶摇"号接拖完成。

浮式平台接拖形式如图6-5所示。

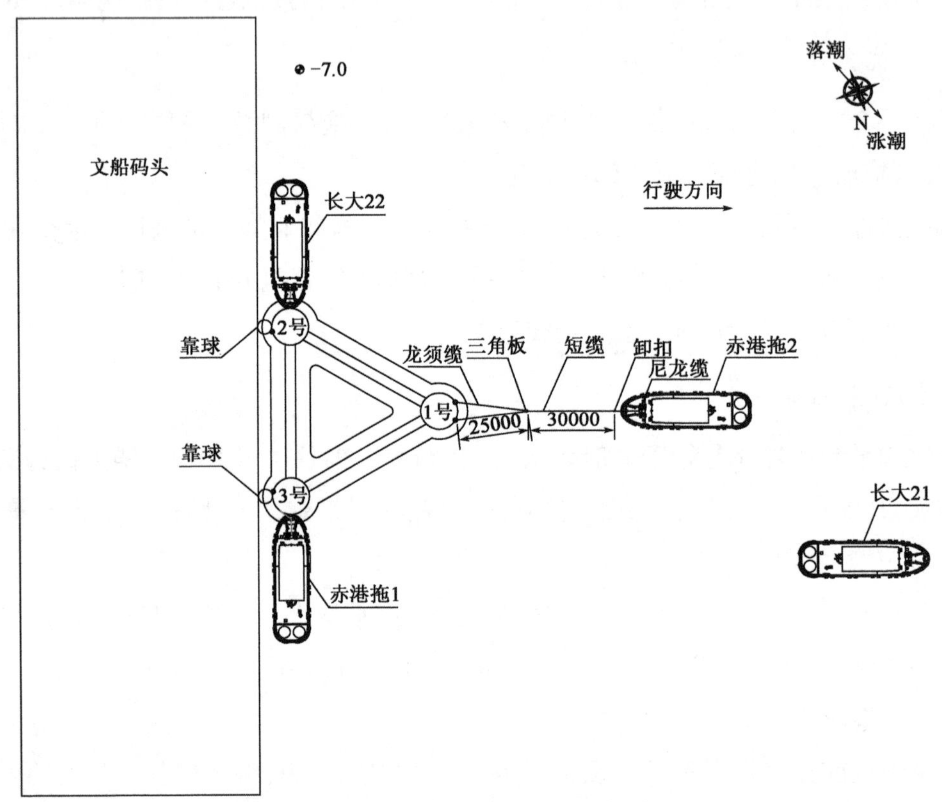

图6-5　浮式平台在港池内接拖(尺寸单位:mm)

6.4 换拖

浮式平台的换拖主要包括拖缆调整、缆索重连、新拖航船舶调整3个部分。

6.4.1 拖缆调整

在换拖过程中,浮式平台前方存在2艘不同的拖航船舶。在拖缆调整过程中,旧拖航船舶需逐步靠近新拖航船舶，且两者同时调整拖缆长度，并将新拖航船舶主拖缆转移至旧拖航船舶上。

6.4.2 缆索重连

完成主拖缆转移后，将旧拖航船舶的短缆与主拖缆相连，并连接卸扣。完成上述工作后，旧拖航船舶向一侧平移远离。

6.4.3 新拖航船舶调整

将主拖缆吊拉回新拖航船舶上，调整新拖航船舶至浮式平台正前方，旧拖航船舶先行远离，前往目的地，换拖完成。

6.4.4 案例应用

本节以某漂浮式风机为工程背景，对上述的浮式平台换拖过程进行说明。

1. 拖缆调整

浮式平台在涨潮时离开文船码头，当船队航行至 1 号大濠州锚地时为退潮，“长大 22”“赤港拖 1”需拉住浮式平台，“赤港拖 2”一边调整拖缆长度一边靠近浮式平台，直至“赤港拖 2”左侧船舷靠在“南海救 101”上，见图 6-6a）、b）。

将“南海救 101”的主拖缆通过船用起重机，吊至“赤港拖 2”甲板上。此时“赤港拖 2”尼龙缆上的卸扣已经在船艏靠近导缆孔位置，利用钢丝绳将卸扣绑扎在船艏，避免解开尼龙缆与短缆的连接后，短缆掉入水中。

2. 缆索重连

解开“赤港拖 2”尼龙缆与短缆的连接，连接“赤港拖 2”上的短缆与“南海救 101”的主拖缆，见图 6-6c）。

连接完成后利用钢丝绳将卸扣连接到船用起重机上，此时“赤港拖 2”向右平移，远离“南海救 101”，见图 6-6d）。

3. 新拖航船舶调整

采用船用起重机将主拖缆吊拉至“南海救 101”的甲板上，“南海救 101”同时向右移动调整位置，并调整吊机高度，避免短缆、主拖缆与“南海救 101”船舷干涉。“南海救

101”接拖完成后,“赤港拖 2”先航行至广港码头,“南海救 101”缓慢前进,见图 6-6e)。

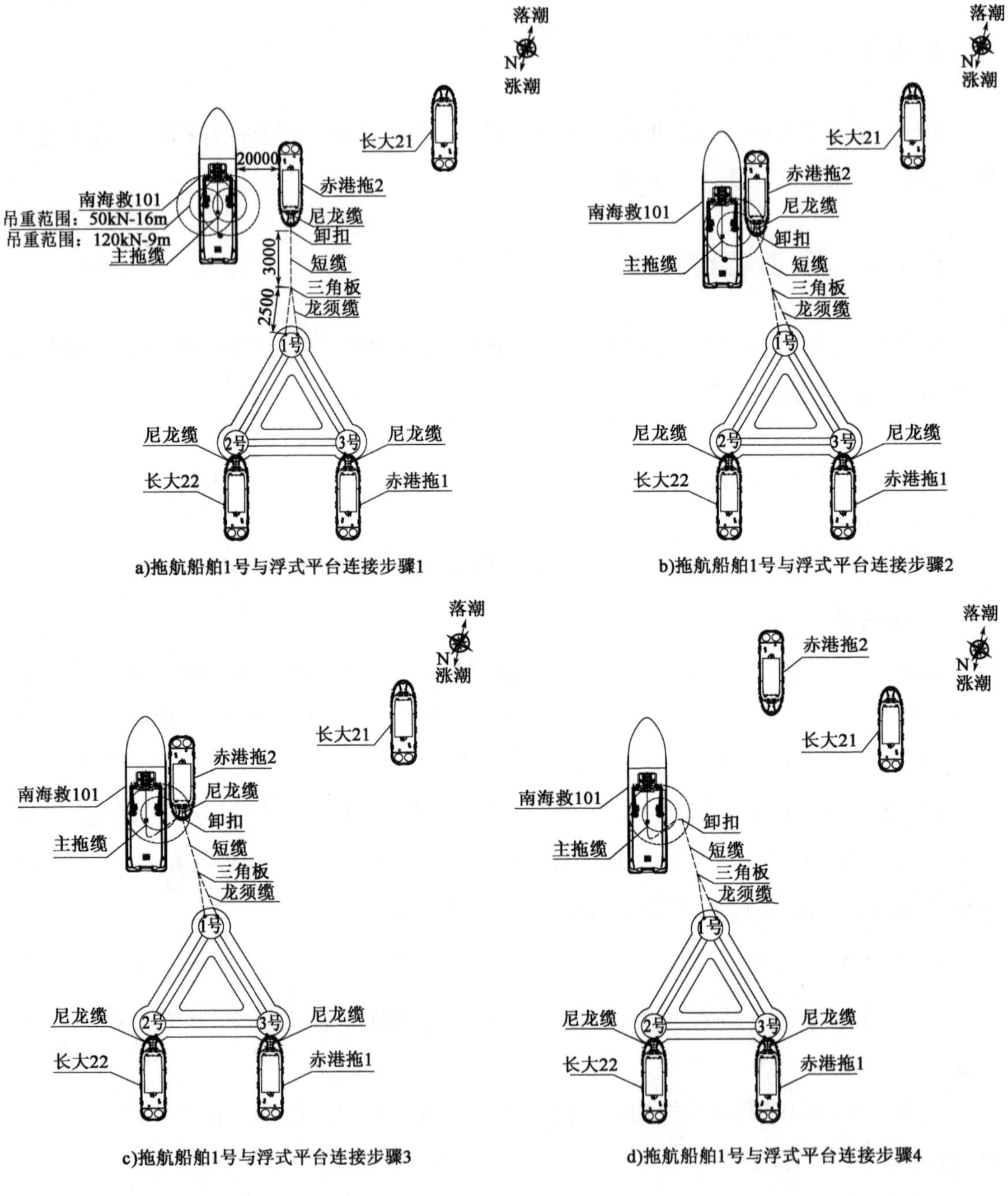

a)拖航船舶1号与浮式平台连接步骤1

b)拖航船舶1号与浮式平台连接步骤2

c)拖航船舶1号与浮式平台连接步骤3

d)拖航船舶1号与浮式平台连接步骤4

图 6-6

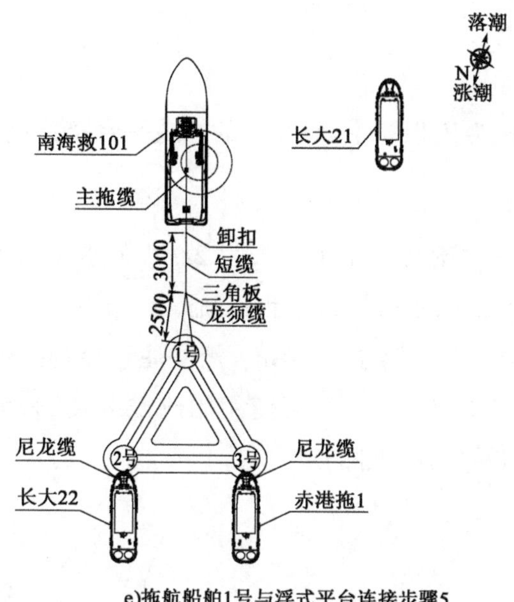

e)拖航船舶1号与浮式平台连接步骤5

图6-6　拖航船舶1号与浮式平台连接(尺寸单位:mm)

6.5 内河拖航

浮式平台的内河拖航主要包括方位调整、拖带航行与转向2个部分。

6.5.1　方位调整

在完成换拖后,可通过主拖轮、辅拖轮对整个拖带船队的方位进行调整。由于各拖轮的吃水深度要求不同,需控制拖带船队行驶位置,从而保证水深满足各拖轮以及浮式平台水深要求。

6.5.2　拖带航行与转向

在内河拖航过程中,仍由主拖轮对整个拖航队伍进行指挥,辅拖轮通过顶推立柱,在必要时使浮式平台转向调整航线。

在航行过程中,各拖轮间需保持联系,并按时检查设备、气象等各类影响拖航过程的因素。

6.5.3 案例应用

本节以某漂浮式风机为工程背景，对上述的浮式平台接拖过程进行说明。

1. 方位调整

浮式平台更换拖轮后，“南海救 101”“长大 22”“赤港拖 1”调整方位，按照主拖在前、辅助拖轮在后的拖带方式，进行浮式平台拖航。

拖带船队转入赤沙水道，宽度约为 161m。需要注意控制拖带船队行驶在航道内以保证水深，“南海救 101”在转向过程中，可使用艏侧推以及“长大 22”“赤港拖 1”顶推“扶摇”号立柱，以减小回转半径，见图 6-7。

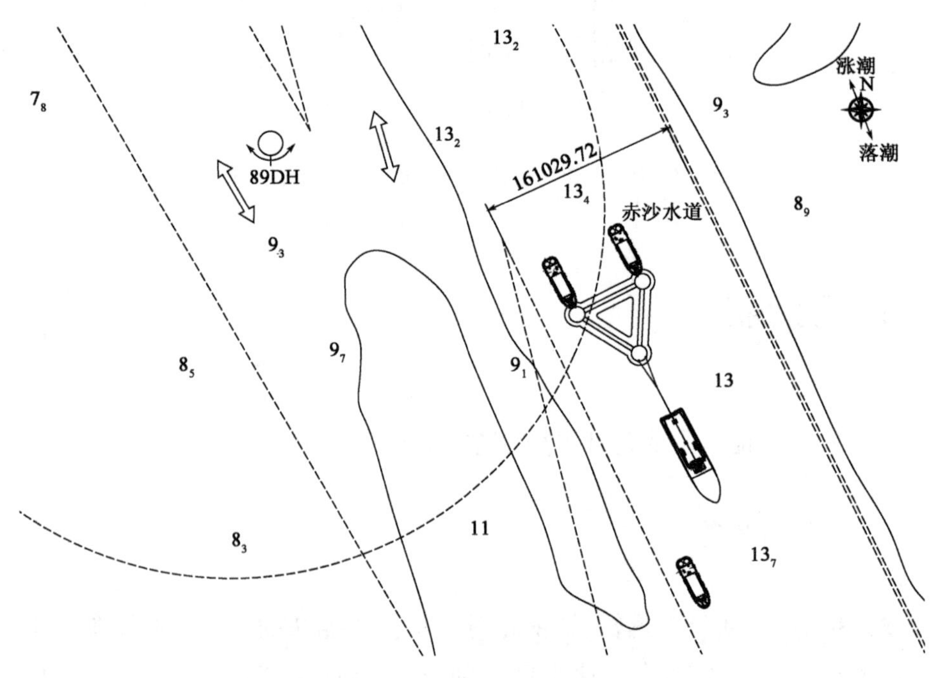

图 6-7　浮式平台转入主航道(尺寸单位:mm)

2. 拖带航行与转向

如图 6-8 所示，进入航道内拖航过程中，主拖轮负责航行过程中的指挥工作，其余拖轮听从“南海救 101”指挥完成避让、航向修正等作业，确保浮式平台沿计划航线航行。所有拖轮保证 24 小时值班，保证拖轮之间的联系。

航行过程中，定时检查拖轮上易移动设备、水密设施、拖带索具状况和浮式平台情况，每 2 小时向项目部报告拖带情况。同时安排专人关注珠江口航道水文、气象以及交通环境条件等情况，保证拖航过程中的安全。

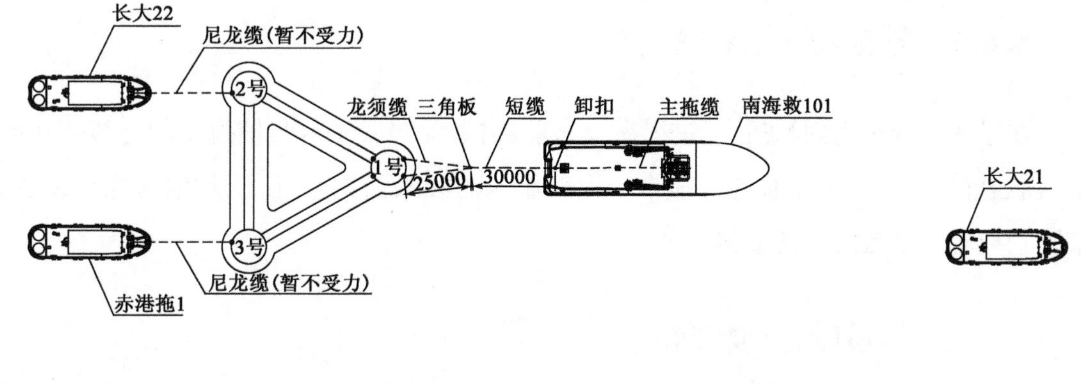

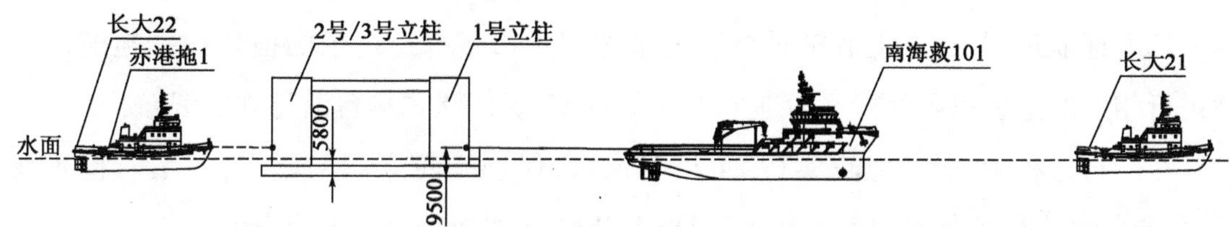

图 6-8　浮式平台珠江口内拖带形式(尺寸单位:mm)

浮式平台在珠江口内拖航转向时,每次转向不超过 15°。如表 6-2 所示,出珠江口前总共有 10 几个大型拐点(不包含换拖之前)。

浮式平台珠江口内拖航拐点　　表 6-2

序号	坐标	航道	转向角度(°)
1	113°32.824′E 22°56.230′N	莲花山东航道—坭洲水道	左转 31.99
2	113°34.025′E 22°54.935′N	坭洲水道	右转 27.42
3	113°34.293′E 22°53.876′N	坭洲水道—东莞江水道	右转 21.3
4	113°33.979′E 22°52.042′N	东莞江水道—大虎水道	左转 25.59
5	113°34.503′E 22°50.431′N	大虎水道	左转 23
6	113°36.522′E 22°48.455′N	大虎水道—虎门水道	右转 14.89
7	113°40.465′E22°43.180′N	川鼻水道—龙穴水道	右转 21.05
8	113°45.746′E 22°24.201′N	伶仃水道	左转 20.24
9	113°47.433′E 22°21.220′N	伶仃水道	右转 15.81
10	113°47.433′E 22°21.220′N	大屿海峡	左转 16.62

6.6 海上拖航

浮式平台的海上拖航主要包括辅拖轮连接解除、拖带航行与转向。

6.6.1 辅拖轮连接解除

在浮式平台驶离内河航道，进入海上之前，需解除浮式平台与辅拖轮的连接。在海上拖航过程中，仅由主拖航进行拖带。拖航船队需驶入锚地，并使用其他的拖轮吊机，解除辅拖轮与平台之间的连接。

6.6.2 拖带航行与转向

海上拖航过程中，由主拖轮对整体拖带过程进行指挥。剩余的拖轮根据拖航总指挥进行相应的避让以及浮式平台航向方向的调整，确保浮式平台沿计划航线航行。

在航行过程中，所有拖轮实行 24 小时值班，保证拖轮之间的联系，并按时检查设备、气象等各类影响拖航过程的因素。同时，逐渐增加拖带长度至指定值。

6.6.3 案例应用

本节以某漂浮式风机为工程背景，对上述的浮式平台接拖过程进行说明。

1. 辅拖轮连接解除

浮式平台出珠江口进入南海前，需要在大屿山 Y1 锚地 No21DY 解除与“长大 22”“赤港拖 1”的连接，进入锚地之后缩短“长大 22”“赤港拖 1”与浮式平台之间的距离。“长大 21”的吊机辅助解除“长大 22”“赤港拖 1”与浮式平台之间连接。

2. 拖带航行与转向

浮式平台在海上拖航时，主拖轮负责航行过程中的指挥工作，其余拖轮听从“南海救 101”指挥进行避让、航向修正等作业，确保“扶摇”号沿计划航线航行。

航行过程中，所有拖轮实行 24 小时值班，保证拖轮之间的联系。定时检查拖轮上易移动设备、水密设施、拖带索具状况和浮式平台情况，并每 2 个小时向项目部报告拖带情况。

拖航时，安排专人关注所处海域水文、气象以及交通环境条件等情况，保证拖航过程中的安全。在海上拖航转向时，每次转向角度宜控制在 5° ~ 15°。

船队在出珠江口以后慢慢调整拖带长度为 300 ~ 400m，拖带形式见图 6-9。

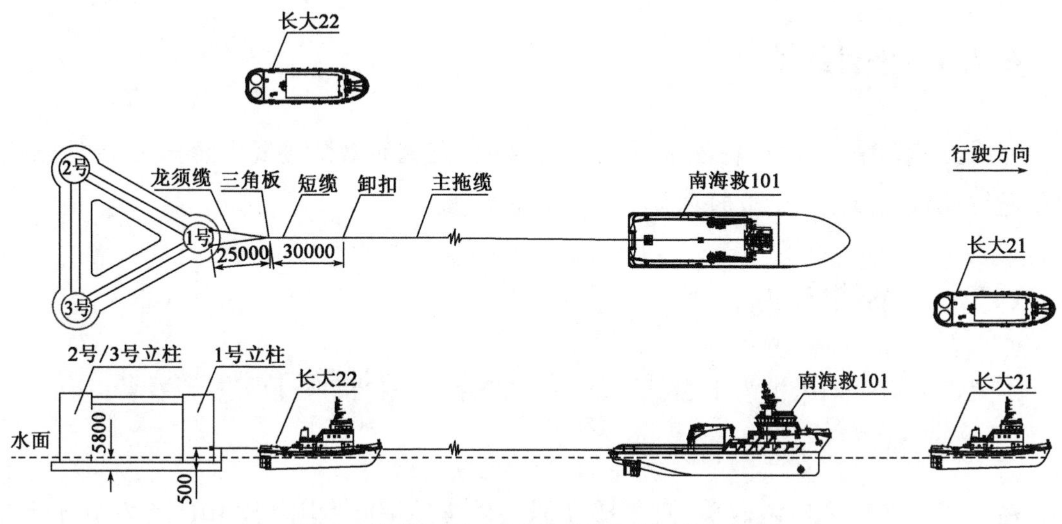

图 6-9　浮式平台海上拖航拖带形式(尺寸单位:mm)

6.7 进港靠泊

浮式平台的进港靠泊主要包括进港接拖、拖带进港、方位调整、平台靠泊 4 个部分。

6.7.1　进港接拖

在拖航船队进入港口码头前,由于码头吃水深度限制,需先解除主拖轮与浮式平台的连接,并由吃水满足要求的拖航船舶与拖轮完成接拖。其中接拖仍应保证拖轮位于浮式平台后,拖航船舶位于浮式平台前的方式。

6.7.2　拖带进港

进入港口航道前,需申请实行交通管制,选取低流速或平流时进港,并由辅拖轮向相反方向顶推、拖拉以控制浮式平台的移动。需减速时,可由浮式平台后面的拖轮向后拖曳,控制航速。

6.7.3　方位调整

通过拖轮将浮式平台拖带至回旋水域后,可通过顶推立柱,让浮式平台顺时针旋转,至浮式平台与码头平行。

6.7.4 平台靠泊

完成方位调整后，由拖轮顶推浮式平台靠泊，完成后解除拖轮与浮式平台的连接，调整拖轮位置至浮式平台立柱两侧，固定在码头边。

6.7.5 案例应用

本节以某漂浮式风机为工程背景，对上述的浮式平台接拖过程进行说明。

1. 进港接拖

拖带船队在进入广港码头前，需要在码头外锚地解除“南海救 101”与浮式平台的连接，使用锚地之前需先向茂名海事局申请，同时船队在外锚地与“赤港拖 1”“赤港拖 2”汇合准备接拖。

“长大 22”“赤港拖 1”移动位置至浮式平台 2 号、3 号立柱附近，利用“长大 21”的吊机辅助连接尼龙缆，与浮式平台 2 号、3 号立柱拖曳眼板，同时减小“南海救 101”主拖缆的长度，缩短至三角板位于艉部甲板上。

“赤港拖 2”移动位置至“南海救 101”右舷，且船艏与“南海救 101”船用起重机位置平齐，“长大 22”“赤港拖 1”调整尼龙缆长度，直至船艏分别顶住浮式平台 2 号、3 号立柱；

利用船用起重机将“赤港拖 2”的尼龙缆吊至“南海救 101”甲板上，解除三角板与短缆之间的连接，同时为了防止解除连接后三角板掉入水中，需要使用钢丝绳将其绑扎在船艉甲板，便于连接三角板与尼龙缆。

2. 拖带进港

连接完成后，“南海救 101”向前移动，寻找地点停泊。而“赤港拖 2”调整位置至浮式平台 1 号立柱正前方。

进入茂名广港码头航道前，向茂名海事局申请在平台进港时间段实行交通管制，确保航道清爽，应选择低流速或平流时进港。同时需要注意广港码头口门处的横流，在浮式平台横向移动时，可由辅拖轮向相反方向顶推、拖拉实现控制。

如图 6-10 所示，在接近广港码头口门时，应充分考虑浮式平台的惯性，提前减速，必要时可由浮式平台后面的拖轮向后拖曳，控制航速，然后再进入广港码头，沿着码头的进港航道前进。

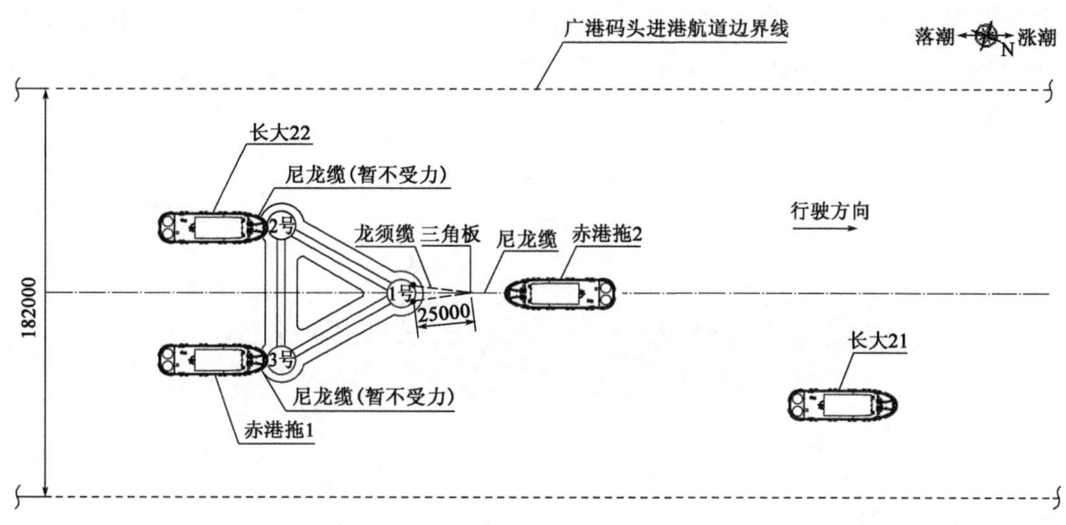

图 6-10　浮式平台进入广港码头(尺寸单位:mm)

3. 方位调整

确保浮式平台停靠泊位前后港池清爽,提前一天在码头泊位布置 2 个直径不低于 4.5m 的靠球,用于防止浮式平台与码头发生碰撞。使用铁链将靠球吊在广港码头系缆柱上,侧放于码头迎水面。同时距离码头面高度在 3.7m 以上,避免浮式平台靠泊时,靠球与浮式平台的拖曳眼板发生碰撞。

“长大 22”“赤港拖 1”“赤港拖 2”3 艘拖轮将浮式平台拖带至回旋水域后,“赤港拖 2”收短尼龙缆且船艏顶住浮式平台 1 号立柱,让浮式平台顺时针旋转,见图 6-11a)、b)。

4. 平台靠泊

待浮式平台方位调整完成后,1 号立柱和 2 号立柱与码头平行,然后 3 艘拖轮同时顶推浮式平台进行靠泊。

在这个过程中需要 3 艘辅拖轮密切配合,始终保持浮式平台 1 号立柱和 2 号立柱与码头边线平行,“赤港拖 1”顶推 3 号立柱,“长大 22”“赤港拖 2”调整浮式平台方向,当浮式平台距离广港码头边线不足 20m 时,速度应减小至 0.5m/s 以下,让 1 号、2 号立柱能够准确靠泊在靠球上,且误差不超过 0.5m,见图 6-11a)。

直至浮式平台靠泊码头时,安排船员通过码头上安装风机的履带式起重机,将人用吊笼吊至浮式平台上。人员到位后,将提前放置在浮式平台上的 2 条系泊缆连接在撇缆绳上,然后将撇缆绳抛到码头上。码头上提前安排工人通过撇缆绳,将系泊缆拉至岸上,见图 6-11b)。

解除“长大 22”“赤港拖 2”与浮式平台的连接,调整拖轮位置至浮式平台立柱两侧,

固定在码头边，同时赤港拖 1 顶推浮式平台 3 号立柱，将 1 号、2 号立柱的系泊缆绕过 5 号、11 号系缆柱，再连接到“赤港拖 2”“长大 22”的拖缆机上，通过辅拖轮带缆的方式实现浮式平台系泊，见图 6-11c）。

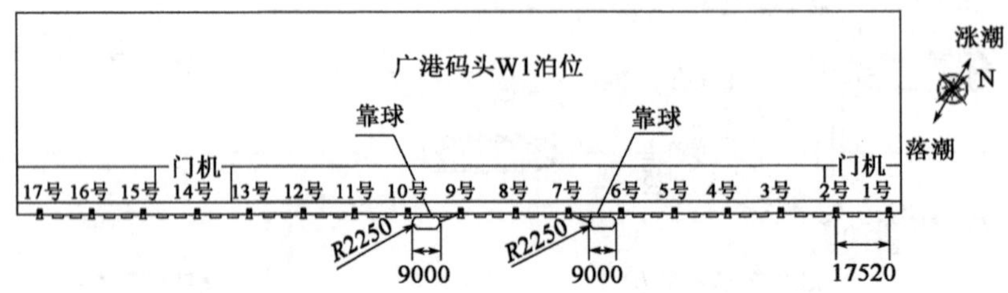

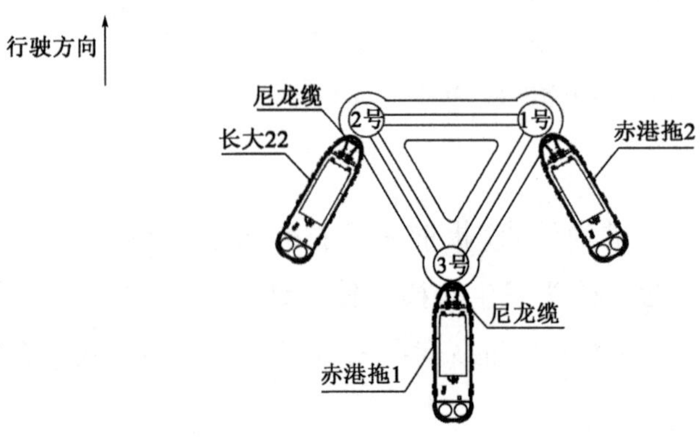

a)浮式平台靠泊方式示意图1

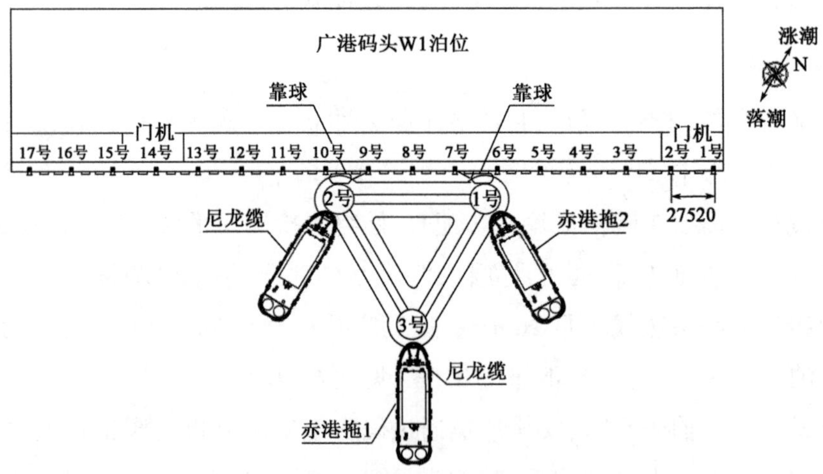

b)浮式平台靠泊方式示意图2

图 6-11

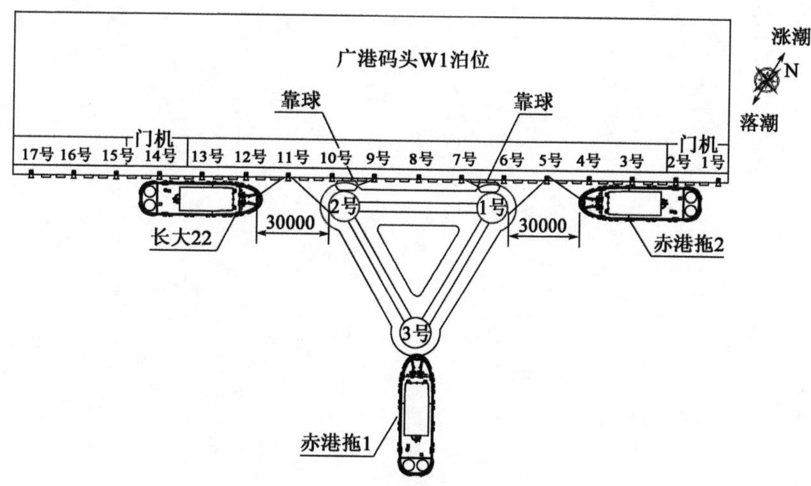

c）浮式平台靠泊方式示意图3

图6-11 浮式平台靠泊方式（尺寸单位：mm）

CHAPTER 7 第七章

浮式风机安装的技术论证与实践

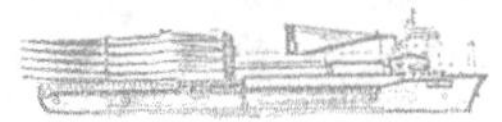

7.1 浮式风机安装的技术要点

浮式风机安装包括风电机组转运、塔筒安装、机舱安装、风轮组装、风轮吊装、电机组内外部结构安装等步骤。其中很多技术要点，需要在施工作业中加以关注。

1. 安装码头的选用问题

风机安装码头的选用对整个浮式风机安装非常关键，在前期选择时应注意：

(1)码头水深条件需满足浮式平台进入港及主拖轮进出港要求；

(2)码头泊位长度需满足浮式平台的临时系泊相关要求；

(3)码头堆场面积需满足风电机组及施工设备码头布置要求；

(4)结合主要施工起重设备，对码头地基承载力进行校核；

(5)码头位置应尽量处于浮式平台的制造位置与施工机位点之间；

(6)尽量选择具有防波堤的码头，减小风、浪、流对吊装的影响。

2. 码头临时系泊问题

码头临时系泊对风机部件的对位安装非常重要，在临时系泊设计时应注意：

(1)结合浮式平台的结构特点选择合适的系泊方式，主要考虑立柱与垂荡板间距；

(2)根据浮式平台系缆桩、拖曳眼板的布置，进行对称系泊缆绳布置；

(3)根据风机安装码头涨落潮情况，合理选用系泊设备，并根据潮汐情况，实时调整系泊缆绳松放。

3. 风电机组码头布置问题

风电机组码头布置可以加快风机安装施工效率，在前期规划时应注意：

(1)合理进行规划布置，加快风电机组的转运效率；

(2)保证风轮拼装工作与主线安装任务同步进行，保证施工连续性；

(3)尽量减少施工过程中主吊机超起配重的转移次数，提高施工效率。

4. 压载问题

每次吊装完成都要对浮式平台进行压载，如何提高压载效率是关键，在施工中应注意：

(1)提前与浮式平台设计单位进行沟通，了解其结构构造、压载原理及相关压载设备使用说明；

(2)风电机组吊装之前，安排压载操作人员完成相关压载设备的调试与检查工作；

(3)现场测量人员与压载操作人员通过对讲机时刻保持沟通，协同作业。

5. 安装效率问题

风机安装工序较多，如何提高安装效率是重难点，在施工中应注意：

(1)严格按风机安装手册进行安装，结合实际不断对比优化，形成最优工序组合，提高安装效率；

(2)提前规划好风电机组转运后的码头排布，尽量减少履带式起重机在吊装过程中加减超起配重的次数，提高安装效率；

(3)高效利用平潮期和涨潮期，提前做好吊装准备，提高安装效率；

(4)项目部成立风机安装小组，提前与风机安装单位对接，熟悉风机吊装方法和资源配置，提高安装效率。

6. 主机与叶轮吊装问题

主机与叶轮吊装是施工的重点，在施工中应注意：

(1)主机与最高处的塔筒须在同一天吊装完成，对风速要求高；

(2)与当地气象部门合作，提供气象及潮汐预报，确认主机和叶轮的最佳吊装时间；

(3)现场配备测风仪，实时了解风速大小，确定机舱与风轮的起吊时机；

(4)叶轮起吊及翻身过程中，由现场安装负责人统一指挥，起重、缆风绳及甲板等岗位人员通过对讲机时刻保持沟通，协同作业，有问题及时提出并解决。

7.2 风机安装前的准备工作

在浮式风机安装前需要采取相应的准备工作，以保证施工的安全顺利进行。

1. 关注浮式平台到港时间

结合浮式平台到达风机安装码头的时间，提前做好施工起重设备、风电机组倒驳以及码头系泊设备的准备。

2. 施工前检查

对风电机组及其内部设施，起重吊机及其他施工设备，浮式平台基础法兰水平度、

平整度、椭圆度、外观,浮式平台照明系统、通风系统、压载系统、压载舱水量进行检查。

3. 备品备件

吊索具及辅助性设备(电焊机、气割设备)拥有备用设备;做好易损件需用计划,并及时更新易损件库存,确保常见故障可得到及时解决;做好变桨线缆、安装工具等相关材料的准备。

7.3 机组倒驳过程

浮式风机机组的倒驳过程主要包括叶片倒驳、塔筒倒驳、连接固件及物料倒驳、底节塔筒电器模块倒驳、机舱倒驳、轮毂倒驳。

7.3.1 叶片倒驳

叶片运输船在码头泊位系缆固定后,施工人员需要对叶片进行验收,采用叶片专用吊具对叶片进行转运,并在吊卸前检查所用吊具是否完好,以保证其可靠性。转运过程中吊机动作尽量同步,避免损坏叶片。

7.3.2 塔筒倒驳

塔筒运输船在码头泊位指定位置系缆固定后,施工人员需要对塔筒、塔筒存放支架及塔筒转运吊索具等进行验收工作。转运前需要检查所用吊具以保证其可靠性。起重机吊钩同时提升并逐渐受力进行水平抬吊转运,抬吊配合必须保持同步,确保塔筒转移过程平稳。

7.3.3 连接固件、吊具、工装、工具及物料倒驳

连接固件包括塔筒连接用高强紧固件和各部件安装所用紧固件;吊具包括风电机组倒驳吊具、塔筒安装用吊具、工具及物料,主机吊装用吊具、工具及物料,叶轮吊装用吊具、工具及物料,提前通过陆运形式运抵码头。需要根据相关的明细表进行严格检查清点验收,并对其进行标记分类。

7.3.4 底节塔筒电器模块倒驳

变压器及变流器控制柜单元倒驳前,需要检查所用吊具是否完好以保证其可靠性。倒驳时注意防水、防潮、防腐。

7.3.5 机舱倒驳

在机舱倒驳之前,应完成机舱吊索具的组装工作。机舱吊具组装完成后,起吊整个机舱吊具。

7.3.6 轮毂倒驳

轮毂倒驳采用变桨系统转运吊具,倒驳前检查所用吊具是否完好以保证其可靠性。轮毂倒驳完成后要注意防水、防潮、防腐。

7.3.7 案例应用

以某漂浮式风机为工程背景,对上述施工过程进行说明。1250t 和 500t 履带式起重机拼装完成后,从堆场缓慢行进至码头 2 号泊位前沿距门机轨道 2m 的位置,进行风电机组的转运工作。风电机组码头摆放总体平面布置如图 7-1 所示。

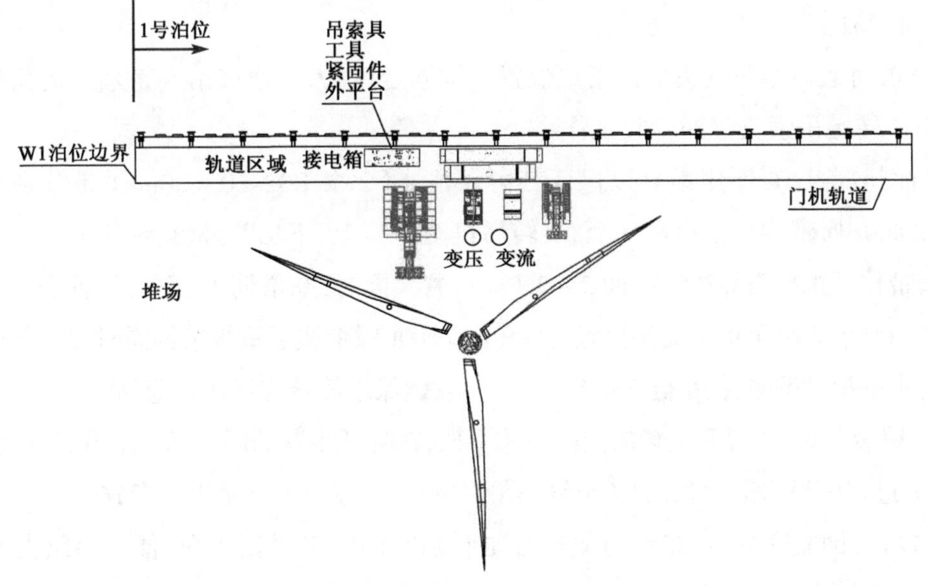

图 7-1 风电机组码头总体平面布置图

1. 叶片倒驳

(1)叶片运输船在码头泊位系缆固定后,人员通过吊人吊笼来到运输船上,进行叶片的验收工作,叶片倒驳采用叶片倒驳吊具,吊卸前检查所用吊具是否完好以保证其可靠性,并解除叶根、叶尖支架与运输船甲板面的焊接固定;

(2)叶片上有 2 个抬吊吊点,叶根部分用 1 根长度为 20m 的 20t B 型板带穿过距叶根部分 2 ±0. 5m 位置,挂设在 1250t 履带式起重机吊钩上,叶尖部分用 4 个 17t 弓形卸扣和 4 根长度为 10m 的 17t B 型吊装带与叶尖支架连接,并挂设在 500t 履带式起重机吊钩上,如图 7-2 所示;

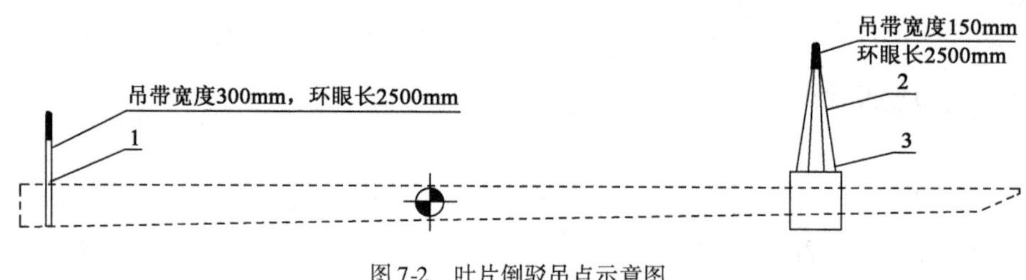

图 7-2　叶片倒驳吊点示意图
1-20m 吊带;2-10m 吊带;3-17t 弓形卸扣

(3)使用 1250t 和 500t 履带式起重机协同作业,将叶片连同叶根、叶尖支架一同倒驳至叶片运输车。2 台汽车式起重机提前在叶片拼装位置做好准备,待叶片运输车到达后,开始叶片的卸车工作。

2. 塔筒倒驳

塔筒倒驳主要包括以下步骤:

(1)塔筒运输船在码头泊位指定位置系缆固定后,人员通过吊人笼来到运输船进行塔筒、塔筒转运吊索具等的验收工作;

(2)倒驳前检查所用吊具以保证其可靠性,将 2 根 R02-60 × 30m 吊带分别挂设在 1250t 和 500t 履带式起重机吊钩上,旋转吊机至塔筒上、下法兰外侧,利用人工及吊机配合,将吊带拉至距离塔筒法兰端面 2 ~ 2. 5m 位置。同时,在塔筒上、下法兰各安装 1 根拉绳,用于引导塔筒落至指定支架位置。1250t 和 500t 履带式起重机吊钩同时提升并逐渐受力,进行水平抬吊倒驳,抬吊配合必须保持同步,确保塔筒转移过程平稳,如图 7-3 所示;

(3)缓缓起钩,在提升主臂的同时吊钩下放,在降低主臂的同时吊钩上升,始终保持塔筒在倒驳过程中呈水平状态,倒驳至码头预定位置后,缓慢下落至提前安放的沙袋上面;

(4)塔筒倒驳完成后,在塔筒爬梯首尾间临时固定 1 根钢丝绳,便于后续安装时作为防坠落安全绳。

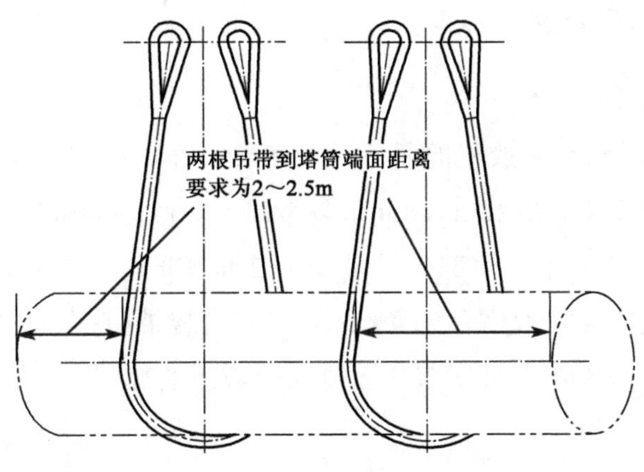

图 7-3　塔筒倒驳示意图

3. 连接固件、吊具、工装、工具及物料倒驳

连接固件包括塔筒连接用高强紧固件和各部件安装所用紧固件；吊具包括风电机组倒驳吊具、塔筒安装用吊具、工具及物料，主机吊装用吊具、工具及物料，叶轮吊装用吊具、工具及物料。

根据《浮动式项目安装工装及吊索具明细表》，对工装、吊索具进行严格检查清点，并将需要组装的吊具进行组装；根据《浮动式项目安装工具及设备明细表》组织准备和清点检查各部件安装用工器具、润滑油脂、密封胶等安装工具和措施材料，并检查液压工具是否可以正常使用；根据连接固件清单，对风场安装标件进行清点验收，并对其进行标记分类。待所有连接固件、吊具、工具及物料清点检查完成后，利用起重机将其倒驳至码头预定位置。

4. 底节塔筒电器模块倒驳

(1)变压器单元倒驳：采用变压器单元吊具进行倒驳，倒驳前检查所用吊具是否完好以保证其可靠性。解除变压器单元运输支架与运输船甲板的焊接固定，同时，在变压器顶部 4 个吊耳处安装 4 个 17t 卸扣和 2 根 10t 双眼吊带进行转运。吊装前，在吊带张紧过程中应检查吊带是否跟周边有干涉，起钩后是否有较为明显的倾斜，若有则应调整吊具；

(2)变流器控制柜单元倒驳：采用变流器控制柜单元吊具进行倒驳，吊具使用前，揭开变流器单元 2 层平台 4 个方形盖板，通过特制卸扣与单元吊耳连接，同时，在变流器单元两侧安装 2 根缆风绳。倒驳前检查所用吊具是否完好以保证可靠性。吊装前，在吊带张紧过程中应检查吊带是否跟设备主体有干涉，起钩后是否有较为明显的倾斜，若有则应调整手拉葫芦以调平设备。倒驳时用防水布将变流器单元整体覆盖，确保不会

被雨淋,注意防水、防潮、防腐。

5. 机舱倒驳

(1)在机舱发运时已经完成机舱吊索具的组装工作。如图7-4所示,在“工”型吊梁主体(序号1)上吊轴安装1根160t×8m吊装带(序号6),并与1250t履带式起重机吊钩实现可靠连接。在“工”型吊梁前部下吊轴安装2根40t×4.45m(序号2)吊装带,后部下吊轴安装2根连接特质花兰螺丝的40t×6.88m吊装带(序号4、5),每根吊带连接一个特质卸扣(序号3)。解除主机支座与运输船甲板面的焊接;

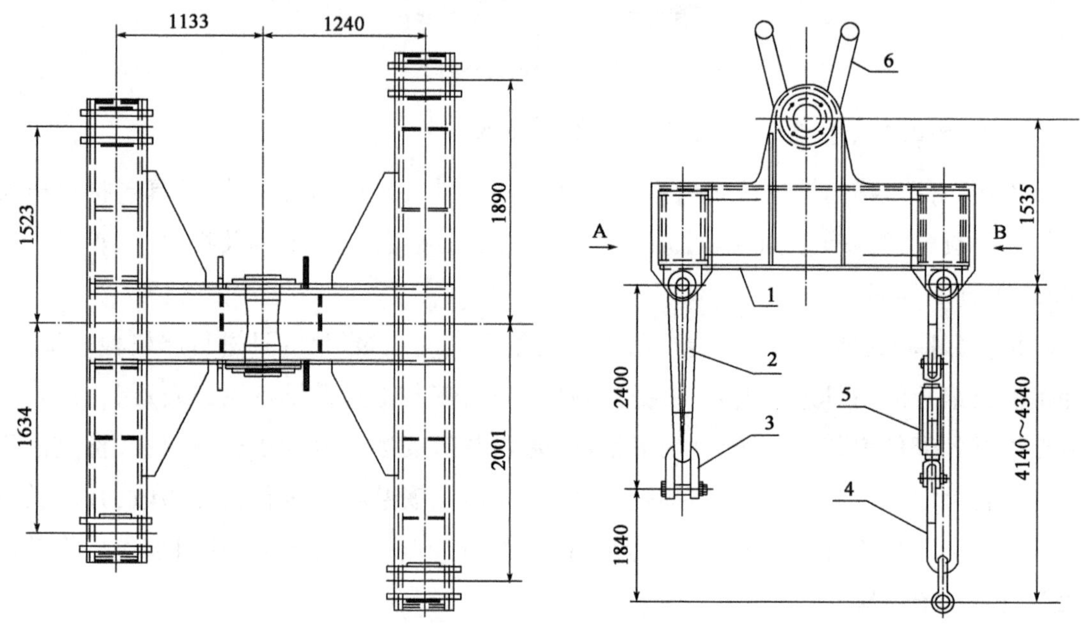

图7-4 主机吊梁主体及吊具组装示意图(尺寸单位:mm)

(2)打开机舱罩天窗,将机舱吊装工装末端的特质卸扣与机舱主平台的吊耳分别连接;

(3)确认卸扣连接好后,用吊装带挂设在起重机吊钩上,吊机缓慢起钩,检查起钩过程中吊具是否和机舱内部设备有干涉,是否与机舱罩天窗孔干涉。确认无误后缓缓吊起机舱离开地面,观察机舱是否水平,若机舱不水平则放置地面,可通过吊索具上的螺丝调整吊具长度;吊机再缓缓起钩观察,直至整个机舱调平后,缓慢转运至码头指定位置;

(4)拆卸转运工装,关闭机舱盖天窗。

6. 轮毂倒驳

(1)轮毂倒驳采用变桨系统倒驳吊具,倒驳前检查所用吊具是否完好以保证其可靠

性,解除轮毂运输支架与运输船甲板面的焊接;

(2)取走轮毂运输防水布和导流罩顶盖,在轮毂吊点位置用6颗M42×140六角螺栓安装3个连接座、同时安装3个40t卸扣和3根长度为6m的20t B型吊装带,如图7-5所示,使用1250t履带式起重机将轮毂及轮毂运输支架一同转运至码头预定位置,且倒驳完成后吊索具不拆除;

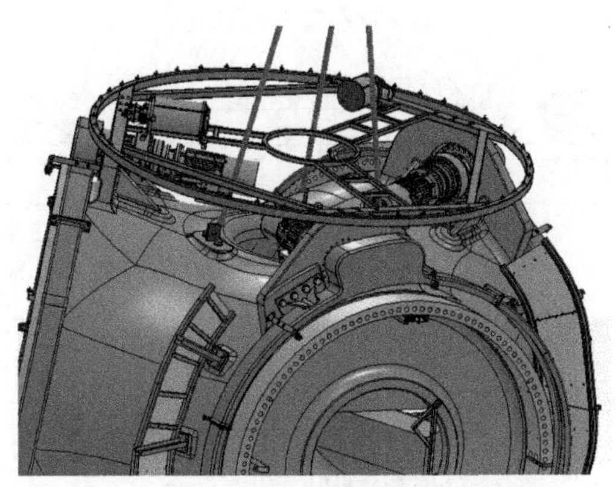

图7-5 轮毂转运示意图

(3)轮毂倒驳完成后,拆卸轮毂吊具,盖上导流罩顶盖并用铁丝进行固定,然后盖上导流罩运输防雨布。

7.4 叶轮拼装

如图7-6所示,叶轮拼装主要包括以下步骤:叶片起吊、轮毂变桨、叶片轮毂组装、附属构件安装、导流罩顶盖安装。以某漂浮式风机为工程背景,对上述施工准备过程进行说明。

1. 叶片起吊

1)叶片法兰面螺孔密封胶涂抹

在叶片法兰面螺孔四周均匀涂抹一层密封胶,涂抹方式与塔筒部分相同。

2)拆除运输工装并安装螺杆

拆除叶片叶根运输支架工装螺栓,解除叶尖运输支架,然后安装叶片螺杆。注意栓头螺杆两端螺纹长度应保持一致,装入端螺纹涂抹螺纹锁固胶,螺栓外露部分与已预装螺杆露出长度一致。

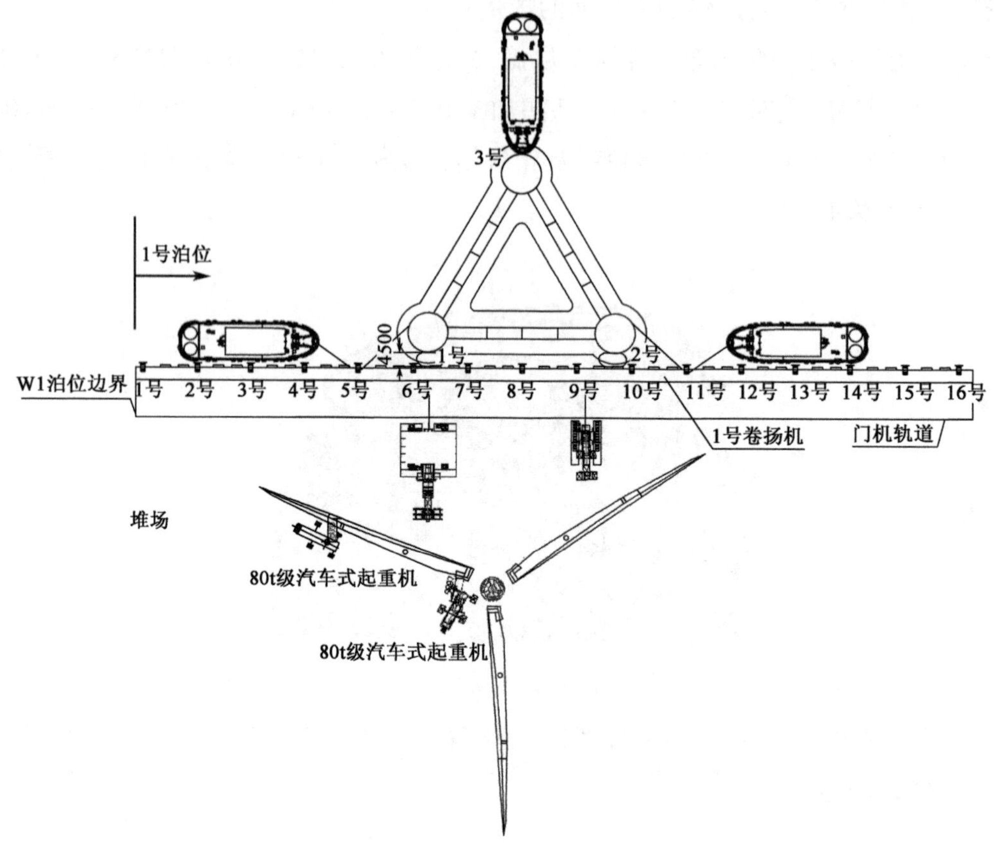

图7-6　叶片拼装过程示意图

3)避雷器装配体拆除

拆除轮毂变桨轴承外圈上的避雷器装配体。

4)吊索具安装及挂设

采用两点抬吊,叶根采用20t B型板带兜吊,挂设在130t汽车式起重机吊钩上,吊点位置距叶根2±0.5m;4根17t B型吊装带和4个17t弓形卸扣与叶尖托盘连接,挂设在80t汽车式起重机吊钩上,吊点位置距叶根50±0.5m处。在第三片叶片拼装完成摘钩前,80t汽车式起重机一直保持抬吊受力状态,保持轮毂与已拼装叶片整体的平衡。同时,为了风轮吊装过程中方便完成摘钩,可以在吊带结扣系1根不短于40m的拉绳。

2. 轮毂变桨

通过电器控制,使风轮变桨轴承变桨移至与叶片相对应的位置,保证叶片零位和风轮零位重合,使轴承内圈零位孔或过渡法兰零位刻度线与叶片前缘处的零刻度线相对。

3. 叶片轮毂组装

调整起重机位置,叶片螺栓插入变桨轴承或过渡法兰安装孔,法兰面完全贴合。检查叶片防雨环与导流罩防雨环轴向、径向无干涉。

将叶片螺杆所带垫圈和螺母旋入螺杆，按紧固要求使用拉伸器从轮毂工艺孔处将螺杆拉伸到额定拉力。拉伸器紧固方法一般分为三步，分别是初紧、复紧、终紧。初紧按额定拉力的50%执行，复紧为额定拉力的80%，终紧即为100%额定拉力。完成部分螺杆拧紧后（如个别工艺孔处不能按施工图拧紧要求的螺栓数，可点动变桨），方可缓慢释放叶根吊具载荷直至摘钩，辅吊机一直保持受力状态。当最后剩余螺杆进行100%拉伸时，将之前的部分螺杆再次拉伸一遍。按上述方式安装第二和第三支叶片。在叶片预装中或预装完成后，按照拉伸器紧固方法，连接剩余叶片螺杆。

4. 附属构件安装

叶片安装完成后，用螺栓将连接管、夹紧法兰固定在叶片中心法兰上（每根叶片都需安装），螺栓拧紧后必须保证连接管能自由旋转。然后用软管连接叶片与轮毂离心风机连接管，并用管箍固定软管两端头，软管长度应比实际距离长100～200mm，保证软管不与其他部位接触。重新安装轮毂3个腹板面上的避雷器装配体，并让铜舌与叶片避雷金属带接触。

5. 导流罩顶盖安装

利用开口扳手、电动扳手、19mm套筒、28颗螺栓M12×45、28颗螺母M12、28个垫圈12进行导流罩顶盖安装，内部接缝处涂上改性硅烷密封剂1921实现密封。

7.5 机组安装过程

浮式风机机组的安装过程主要包括塔筒安装、机舱安装、风轮吊装、风电机组内外部结构安装、电气安装及接线、偏航调整及撤场工作。

7.5.1 塔筒安装

塔筒部分由塔筒、门外平台及附件和电气设备组成。在安装前需要提前准备发电设备，为风机安装提供电力供应。在施工过程中按照顺序，将塔筒进行连接。

7.5.2 机舱安装

机舱部分有很多附属设施，需要提前在地面拼装完成后，才可以进行机舱的整体吊

装。在机舱吊装前,需要进行试吊,检查机舱是否水平等。若存在问题,需调整吊具后再起吊。

7.5.3 风轮吊装

风轮吊装前需要将叶片锁死,以保证其在吊装过程中不会发生转动。风轮的具体吊装位置也应提前进行设计,同时还需要设置辅助吊点。

7.5.4 风电机组内外部结构安装

在风机塔筒与叶轮系统之外,还有很多附属结构需要进行安装,包括:机舱底部电缆悬挂架、导流罩密封环、塔筒门处内外冷却系统连接、塔筒门监控、航海灯等。

7.5.5 偏航调整及撤场工作

在风机安装以及整机的调试完成之后,需对机舱进行偏航的调整,以满足浮式平台与风电机组整体拖航的要求;需对浮式平台吃水深度进行调整,以满足整体拖航的要求;起重设备退至码头后方堆场进行拆卸。

7.5.6 案例应用

以某漂浮式风机为工程背景,对上述施工过程进行说明。

1. 塔筒安装

本项目塔筒由 3 节组成。其中第一节塔筒与浮式平台基础法兰连接,内部有爬梯、变压器单元、变流器单元,外部有进门爬梯、门外平台及附件等。每节塔筒内都有维护平台、照明系统、电缆桥架等附件,均已在塔筒厂预安装。

1)变压器、变流器控制柜单元安装

变压器、变流器控制柜单元采用 1250t 履带式起重机进行安装。注意区别塔筒门方位,找到基础法兰零位标记,并在法兰内侧侧壁用记号笔做好标记,以便后续塔筒与法兰对齐。

2)塔筒安装

待变压器单元和变流器控制柜单元安装完成后,开始进行塔筒安装。塔筒采用

1250t 和 500t 履带式起重机抬吊。

(1)塔筒检查及清理

解除塔筒法兰包装,清理塔筒内外表面的灰尘油污。若防腐层有破损,则按塔筒厂家的指导补漆,要求塔筒上下法兰面清洁无油污。

(2)塔筒吊具安装

在码头泊位上,组装上法兰塔筒吊具。在塔筒上法兰的 7∶30、10∶30、1∶30、4∶30 位置分别使用 8 颗工装螺栓 M72、8 个螺母 M72 和 16 个平垫圈 72,安装 4 件底塔中塔上吊座,并用电动扳手紧固螺栓,参考力矩为 2000～2200N·m。

上法兰塔筒吊具安装完成后,将 2 根 65t A 型吊带挂在 1250t 履带式起重机吊钩上,准备起吊塔筒。

组装 2 根 60t A 型吊带与下吊座,在塔筒下法兰 10∶30、1∶30(夹角小于等于 90°)位置使用 4 颗工装螺栓 M72、4 个螺母 M72、8 个平垫圈 72,将 2 件下吊座安装在下法兰上,并用电动扳手紧固螺栓,参考力矩为 2000～2200N·m。下法兰塔筒吊具安装完成后,将 2 根 60t A 型吊带挂在 500t 履带式起重机吊钩上,如图 7-7 所示。

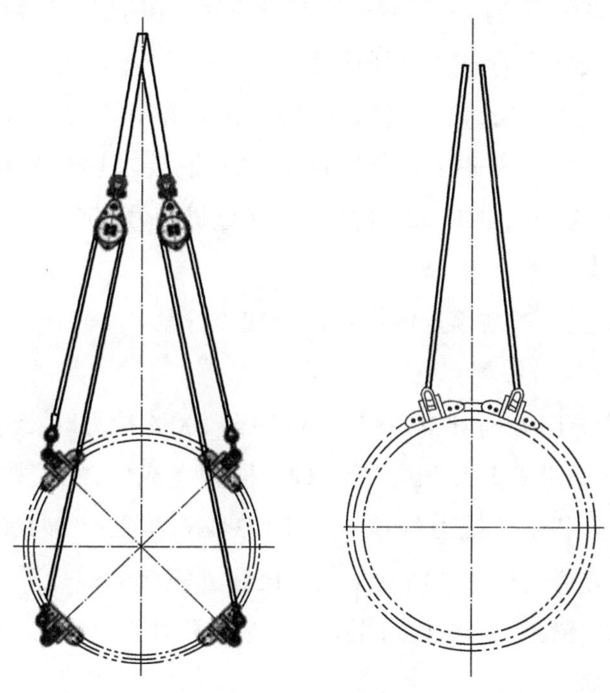

图 7-7　上、下法兰吊具安装示意图

(3)塔筒法兰面密封胶涂抹

塔筒安装前,清理基础法兰面上的杂物,并涂抹平面密封胶 1587,胶线呈葫芦状,直

径约为5mm，要求胶条不间断，并用记号笔标记出基础法兰上正对门外平台安装基础的零位（钢印或红线标识的地方）。

（4）塔筒起吊

塔筒起吊时，1250t履带式起重机起吊半径为36m，超起配重为0t；500t履带式起重机起吊半径为17m，超起配重为10t。待塔筒离开地面大约1m后，在塔筒下法兰呈180°方向安装4根不小于15m的缆风绳，用来调整引导塔筒精准下放。

1250t履带式起重机抬升臂架并下放吊钩，500t履带式起重机下放臂架并提升吊钩，待1250t履带式起重机回转半径为31m，超起配重0t时，吊重满足要求，同时旋转臂架，转塔筒直至竖直，完成翻身后，解除下吊座。1250t履带式起重机继续提升吊钩，同时以31m回转半径旋转臂架至1号立柱相对位置后，悬挂100t超起配重，提升高度应与已安装的变流器模块高度保持1m的安全距离。

塔筒吊至基础正上方，缓慢下放吊钩，防止塔筒发生较大摆动。当塔筒下放到电器模块位置时，指派专人观察电器模块边缘与塔筒内壁距离，利用4根缆风绳调整并控制塔筒径向移动，避免塔筒与电器模块发生碰撞。当塔筒下放至法兰基础上方100mm时，利用缆风绳调整塔筒门与门外平台安装基础正对，并用记号笔标记出塔筒门正下方的零位（用钢印或红线标识的地方）引出标识。

零位对齐后，检查塔筒底部法兰和基础法兰孔对齐不错位。随后塔筒下落到基础法兰上，由下到上穿入已涂抹好抗咬合剂的连接螺栓，要求螺栓能自由通过，然后手动旋合螺母至螺母厚度的1/2，此时1250t履带式起重机卸力50%。

（5）电动扳手紧固螺栓

用1寸电动力矩扳手对塔筒上的螺母进行初步拧紧。

（6）螺栓拉伸紧固（拉伸器）

当十字交叉4个方向分别有10颗螺栓拉伸至100%拉力时，或所有螺栓用1寸电动扳手初拧后，1250t履带式起重机方可松钩。摘钩完成后，螺栓按交叉对角原则分2次进行拉伸，第一次为超张拉拉力的60%，即1734kN，第二次为100%，即2890kN。螺栓拉伸紧固完成后，方可进行下节塔筒吊装。已紧固完成的螺栓采用冷喷锌防腐，并在已涂覆防腐的螺栓头、垫圈、被连接面间画一道连续不间断的竖线，作为防滑线标识。

（7）浮式平台调载

塔筒与基础平台连接螺栓电动扳手打完后，对浮式平台WBT_1S、WBT_4S、WBT_11S、WBT_15S、WBT_18S、WBT_18P压载水舱进行压载，保证浮式平台吃水深度及浮式基础平台的水平度在要求范围以内，并通过拖缆机调整系泊缆长度。

2. 机舱安装

1）机舱罩顶部装配

机舱及顶部附件转运完成后，在码头地面上，利用 80t 汽车式起重机提前完成机舱罩顶部装配。该部分主要包括：发电机散热总成安装，护栏、气象站维护平台及线缆导管安装，避雷针装配，气象站设备线缆布置。

2）机舱与轮毂连接螺栓预安装

用清洗剂清洗主轴与轮毂连接的法兰面、止口、轮毂螺纹孔、主轴通孔；将 32 根双头螺杆的每根任一端螺纹标记位置；将 32 颗双头螺柱标记有尺寸的一端从主轴端通孔插入机舱，插入后螺杆端面不超出主轴安装面（风轮安装用的其他连接标件，可以提前放在机舱内临时固定）。

3）螺栓准备与辅料涂覆

第三节塔筒翻身完成后，利用 500t 履带式起重机将包装好的机舱与第三节塔筒连接部件，吊至第三节塔筒上部平台。

4）机舱试吊

机舱吊具在机舱转运阶段已经组装完成。利用 1250t 履带式起重机起吊机舱吊具，并利用卸扣机舱进行连接。吊起机舱并查看机舱是否水平，否则应放下机舱调整吊具。

5）机舱运输工装拆卸及缆风绳挂设

确认每段塔筒之间的连接螺栓全部都已完成第一次超张拉拉伸。达到力矩要求后，在机舱前面悬挂 2 根缆风绳，后面悬挂 1 根缆风绳，用来调整机舱横向和纵向位置。同时拆卸机舱与运输工装间的连接螺栓，并用棉布清理机舱法兰面杂物，用机舱与第三节塔筒的 1 颗连接螺栓依次检查每个螺纹孔是否可以旋到底，确认后使用 1250t 履带式起重机以回转半径 22m 起吊，超起配重为 0t。主机缆风绳挂设如图 7-8 所示。

图 7-8　主机缆风绳挂设示意图

6）机舱起吊与塔筒对接

1250t 履带式起重机以 22m 回转半径旋转臂架，并提升吊钩至 1 号立柱正对位置，安装 300t 超起配重。下方臂架至超过顶节塔筒的上法兰 1m 后，根据塔筒顶部安装人员的指示，将机舱慢慢放低，拉动缆风绳稳定机舱，使用撬棍使螺孔对正；机舱安装面与塔筒法兰面完全接触后，检查安装孔是否一一对齐，随后由下到上穿入已涂抹好抗咬合

剂的连接螺栓,要求螺栓能自由通过,然后手动旋合螺栓至螺纹长度的1/3。

先用电动扳手打紧所有连接螺栓(按交叉对角对连接副进行紧固),然后对机舱与塔筒的连接螺栓按设计力矩紧固。待所有连接螺栓都已按额定力矩的50%(1600N·m)紧固一遍,此时主吊机的负载宜释放50%,再按额定力矩3200N·m进行紧固(要求对称、交叉)。

7)吊具拆卸及机舱盖天窗复原

待机舱完成额定力矩紧固后,1250t履带式起重机才能完全卸载,人员可以进入机舱,解开与机舱连接的吊装工装,将吊具移出,盖上机舱盖天窗并插入插销。机舱安装完成后,塔筒M72、M64及M39螺栓,均需再次按100%超张拉拉力拉伸或100%力矩拧紧。

8)浮式平台压载

待机舱完成额定力矩紧固后,对浮式平台WBT_1P、WBT_3S、WBT_4S、WBT_11S、WBT_15P、WBT_17S、WBT_18S压载水舱进行压载,完成后浮式平台吃水深度为7.897±0.05m,保证浮式基础平台的水平度在3‰~5‰以内。拖轮1号和拖航船舶2号通过拖缆机调整系泊缆长度。

3.风轮吊装

风轮采用1250t履带式起重机安装,但在风轮翻身过程中仍需由130t汽车式起重机进行配合。

1)风轮变桨及叶片锁安装

风轮变桨,使叶片后缘(刃口)朝上,三叶片变桨角度应一致。将叶片锁安装在作为辅吊叶片的一侧(轮毂腹板上电容柜下方),并将叶片锁推入齿槽,锁紧螺栓,确保叶片锁与轴承齿无侧隙,螺栓拧紧力矩800N·m。待风轮吊装完成后,再将叶片锁及螺栓移除。

2)风轮吊具安装及叶片牵引

主吊点位于轮毂上,从导流罩内部拆除导流罩上主吊点对应吊装孔封板,并将其固定在轮毂内的合适位置。用100t高强环型吊装带穿过风轮吊座,连接卸扣挂在1250t履带式起重机钩齿上,利用开口扳手、电动扳手、14颗螺栓M48×145、14个特质垫圈进行风轮吊座的安装,紧固力矩为1112.75N·m。辅吊点位于主吊点相对的叶片上,使用25t B型高强板带和后缘护板,具体位置见叶片表面标记处,用130t汽车吊起吊叶尖吊具。在吊装过程中需重点注意区分出风轮上吊点与单叶片吊装吊点,确保吊装安全。风轮主吊点布置见图7-9所示。

在除辅吊叶片外的其他2只叶片尾部距离叶根62m处,套上叶片牵引套,使牵引套完全套在叶片表面。叶片牵引套和叶片表面要求无明显间隙,并在2个牵引套上各系上2根缆风绳。吊装完成后,旋转风轮直接拉下牵引套。

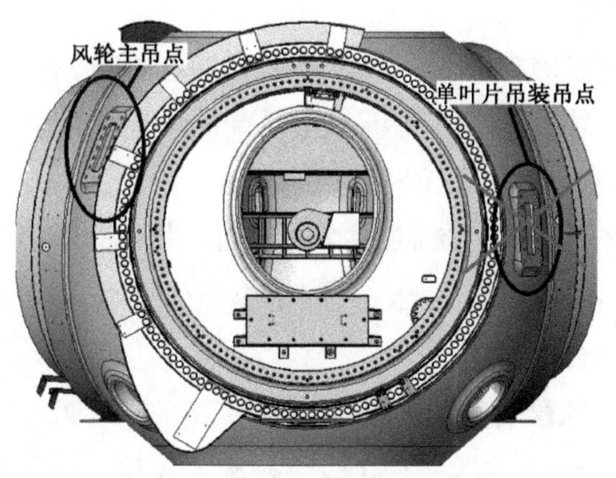

图 7-9　风轮主吊点示意图

3）风轮支架螺栓拆卸

确认机舱与塔筒、塔筒与塔筒间的连接螺栓全部按 100% 额定力矩完成紧固；吊具、吊带、牵引套、缆风绳、前后缘护板等已安装就位；辅吊的叶片锁已推入齿槽并拧紧螺栓。同时机舱上已打开进入风轮的维护通道和观察盖，风轮锁紧销已打开且处于非锁止状态。

4）风轮起吊

（1）风轮底部清理

提前在 1250t 履带式起重机后方位置铺设 8 块路基箱。1250t 履带式起重机向后移位 12m。以回转半径 42m，超起配重 200t，130t 汽车式起重机拖引辅吊叶片同时平稳起吊，离开支架平面 100mm 静置观察抬吊是否平稳。保持风轮静止，用清洗剂 1755 清洁风轮与主轴安装面及螺孔，并对轮毂进行清丝处理。

（2）叶片翻身

风轮水平起吊 1.5m 后，汽车式起重机配合主吊变幅，直到风轮达成垂直状态。翻身完成后，1250t 履带式起重机旋转臂架至安装位置，并将辅吊叶片上的护板和吊带拉下，然后开始放下臂架，完成安装。

风轮翻身过程中，位于叶片叶尖部分的 2 条缆风绳交替保持受力状态。同时按照 1250t 履带式起重机臂架旋转方向牵引风轮，在吊升过程中应保证单个叶片的其中 1 条缆风绳处于张紧状态，以避免叶片撞击他物。

风轮缓缓吊升至主轴法兰面高度，以 1250t 履带式起重机和绳子相互配合，拉动风轮至主轴法兰面正前方位置；根据机舱内工作人员的对讲机指示，将风轮小心向主轴法兰面靠近；调整吊钩位置，控制风轮轴线和机舱轴线重合。

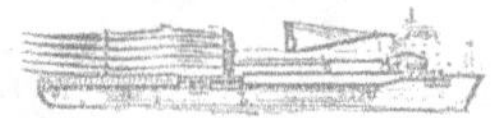

(3)风轮与主机对接

通过机舱前挡板左右的维护通道及机架上方的观察盖,观察主轴法兰面上的安装孔是否与风轮法兰上安装孔正对。若不正则松开制动器盘车调整,通过控制齿轮箱尾部的盘车装置带动主轴转动,使孔位对正。

随后继续使风轮靠近主轴法兰面,在2个平面即将贴合前,用2根双头螺栓在对称位置旋入风轮安装孔后继续引导进给。过程中应十分小心,避免折弯甚至折断螺杆,直至两法兰面完全对齐贴合。

5)机舱与风轮连接螺栓安装及紧固

确认法兰面完全贴合后,将剩余30根螺杆旋入风轮。如部分旋入困难,应对风轮位置予以适当调整;如个别旋入困难,可暂时不旋入,待人员进入轮毂后清丝处理。螺杆旋入后,主轴侧露出螺杆长度尺寸为(M52螺杆标记长度95±1mm,装配前已用标记笔做好标记)。套入螺杆的垫圈及螺母,用电动扳手预紧。

安装人员进入风轮,将96件M52×320连接副从风轮侧插入,包括外圈64组(2号箭头)和内圈32组(3号箭头)。螺栓安装前应涂覆抗咬合剂可新赛1771,涂覆方法为:螺栓螺纹涂覆长度约占全螺纹长度的3/4,涂覆厚度约占螺牙深度的1/2,螺栓头与垫圈接触面应沿螺杆根部均匀涂刷一层咬合剂至接触面全覆盖。用电动扳手交叉对称预紧,然后用液压扳手对每颗螺栓按额定力矩6772N·m作力矩,此时1250t履带式起重机仍应保持100%负载。然后用液压拉伸器按要求交叉对称拉紧机舱内的全部螺杆,直至额定拉力1110kN。液压扳手螺栓紧固要求与塔筒一致,拉伸器的紧固要求同叶片一致。

6)风轮吊具拆除及吊装孔封板安装

确认风轮与主轴连接螺栓、螺杆全部按额定力矩完成对应的50%力矩值、50%拉伸值即可松钩;缓慢释放1250t履带式起重机载荷,拆除风轮吊具。恢复导流罩上吊装孔封板,用密封胶1921从内部封住封板周边间隙。将叶片锁退出齿槽并取出;拉动风轮转动,将揽风绳和牵引套从叶片上拉下。机组吊装完成,叶片顺桨,并保持风轮锁紧销处于非锁止状态。

7)浮式平台压载

风轮与主轴连接螺栓、螺杆全部按额定力矩,完成对应的50%力矩值、50%拉伸值,对浮式平台WBT_1P、WBT_4P、WBT_4S、WBT_6P、WBT_6S、WBT_10P、WBT_10S、WBT_11S、WBT_15P、WBT_15S、WBT_16S、WBT_17P、WBT_17S、WBT_18P、WBT_18S压载水舱进行压载,详细操作见压载报告。压载完成后,浮式平台吃水深度为8m±0.05m,保

证浮式基础平台的水平度在3‰～5‰以内。拖轮1号和拖航船舶2号通过拖缆机调整系泊缆长度。

4. 风电机组内外部结构安装

内外部结构包括：机舱底部电缆悬挂架、导流罩密封环、塔筒门处内外冷却系统连接、塔筒门监控、航海灯以及其他部件。

5. 偏航调整及撤场工作

(1)机舱偏航调整：完成整机的调试后，安装人员在机舱上使用塔基控制柜到机舱控制柜的动力电缆，进行机舱偏航的调整，满足浮式平台与风电机组整体拖航的要求；

(2)履带式起重机撤场：风机安装及整机调试完成后，1250t 和 500t 履带式起重机退至码头堆场进行拆卸工作；

(3)设备、材料归还：风机安装工作全部完成后，根据建设单位确定的归还方式，完成塔筒存放支架、吊索具、安装工具及运输工装等的归还工作。

6. 施工安装测量

在风机安装过程中还需要实时进行测量，保证施工安全和精确。

姿态和加速度监测系统主要由测量单元组成，每个测量单元包含3只加速度计和3只陀螺仪。以相互垂直的位置进行安装。陀螺仪测得沿载体坐标系3个轴的角速度信号，加速度计测得沿载体坐标系3个轴的加速度信号。

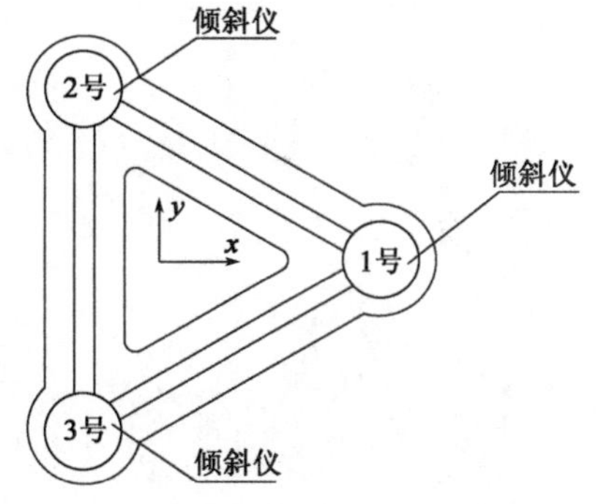

图7-10　测量仪器布置图

测量仪器在浮式平台的详细布置如图7-10所示。

测量内容主要包括：

1)水平度测量

风机各构件吊装完成后，吊机一边卸力，一边进行浮式平台调载工作(详细压载过程见压载报告)，同时根据浮式平台的每个立柱上预装的姿态和加速度监测系统，观测浮式平台压载完成后的水平度控制在3‰～5‰以内。在调载过程中，辅拖轮“长大22”和“赤港拖2”通过拖缆机调整系泊缆长度。

2)吃水深度测量

测量人员在码头地面上利用全站仪观测浮式平台立柱刻度线，确定各构件吊装压载完成后的吃水深度，精度为±0.05m。

CHAPTER 8 第八章

系泊系统连接浮式平台的技术论证与实践

8.1 现场回接的技术要点

系泊系统连接浮式平台现场施工主要包括浮式平台进场、浮式平台压载、锚链回接。其中锚链回接过程中需要进行浮式平台移位、多余锚链回舱以及锚链张力调整等步骤。在现场回接过程中,有许多技术要点应得到关注。

8.1.1 海洋环境复杂

浮式平台位于深海区域,海洋环境复杂。风速、风向、涌浪、潮流等对施工过程的连续性以及安全性均有较大影响。

8.1.2 船舶适应性问题

由于海洋环境较为复杂,船舶适应性对施工进度和安全性有较大影响。因此船舶对于施工海域海洋环境的适应性,是海上浮式平台施工需重点关注的对象之一。

8.1.3 总体平面布置问题

锚链回接施工过程中,船舶布置较为集中,船舶之间易产生干涉。因此,设计合理的施工总体平面布置,是项目顺利开展的重要条件之一,其主要内容包括船舶位置设计、浮式平台位置以及姿态、锚链回接时各锚链线形设计、定位船与起重船的锚位布置等。

8.1.4 锚链线形控制

浮式平台系锚完成后,锚链线形为悬链线形,由锚链长度、锚链在海底敷设方向和浮式风电机组定位三方面进行控制。浮式平台施工水域的水深较深,对于水面以下锚链线形的监控较难,且线形调整难度大。

8.1.5 浮式平台水平度调整

平台水平度对浮式平台的整体稳定性有着极大的影响。水平度调整为浮式平台项目的最后一个、同时也是最为关键的工序之一。由于此时定位船已经退出，浮式平台仅由锚泊系统固定，其位移受风、浪、涌等多种因素的影响，其水平度较难把控。综上可知，平台甲板水平度调整为浮式平台项目的重点工序之一，亦为难点工序之一。

8.2 回接前的准备工作

针对系泊系统回接，在施工开始前需要对于其中的重难点项目进行分析与准备，包括施工海洋环境监测、船舶适应度分析、总体平面布置设计。

8.2.1 施工海洋环境监测

(1)提前收集场址的中长期气象信息，并由气象机构提供施工期间的实时气象情况以及气象预报；

(2)锚链回接施工为连续施工，中途不可长时间中断，需要连续且时长足够的窗口期。因此，施工前应结合场址往年气象资料以及当地气象机构提供的气象预报，选择合适的连续窗口期；

(3)施工过程中安排专人对海上气象进行监控，结合现场实际情况与气象预报，在恶劣天气来临前及时采取相应措施；

(4)锚链回接施工期间，对各船舶、作业班组做好技术安全交底，加强岗前培训力度，确保施工过程的连续性，减少施工时间，降低受恶劣海况影响的风险；

(5)施工前制定突遇恶劣海况时的备用方案与应急措施。

8.2.2 船舶适应度分析

(1)应提前熟悉建设单位提供的施工海域地形勘探资料以及地质勘探资料；

(2)详细了解施工船舶的性能以及参数，并结合施工海域地形地质、水文条件等进行船舶适用性分析；

(3)积极与船方沟通，针对施工过程开展详细的讨论，并结合船方提供的建议，优化施工工艺。

8.2.3 总体平面布置设计

(1)在施工前应该对施工现场的总体平面布置进行设计;

(2)进行平面布置设计时,锚碇坐标点以及机位中心点均根据建设单位提供的坐标进行绘制;

(3)由于施工过程与设计方案不可能完全一致,因此进行总体平面布置时需留有余量,避免由于施工中的突发状况而导致施工作业无法进行;

(4)进行船舶定位以及锚位布置设计时,需与船方共同商议,保证设计的合理性。

8.3 浮式平台拖航进场

浮式平台拖航进场包括平台进位与现场定位两个步骤。

8.3.1 平台进位

在工作船舶进位后,通过拖船将浮式平台拖航至设计机位坐标附近,并通过系泊缆绳将浮式平台与工作船舶进行连接。

8.3.2 现场定位

采用高精度 GPS 设备,对浮式平台的方位与方向进行实时监控,在专业软件中提前对设计位置进行标注,通过拖船对浮式平台进行粗定位,后续通过起重船上的绞车进行浮式平台的精确定位。

8.3.3 案例应用

以某漂浮式风机为工程背景,对上述施工过程进行说明。

1. 平台进位

浮式平台进位工作通过 3 艘港作拖轮配合完成,进位至进行 3 号立柱锚链回接工作的位置后,通过缆绳将浮式平台固定于起重船 2 号和起重船 1 号之间。本项目共使用8条缆绳固定浮式平台。8条系泊缆绳安装于广港码头浮式平台各立柱的系缆桩上，其中1号立柱的2个系缆桩均安装2条系泊缆绳，2号立柱和3号立柱的系缆桩均安装1条系泊缆绳。

起重船2号和起重船1号进位完毕后，开始浮式平台进位工作，主要工序如下：

(1)将浮式平台拖航至设计机位坐标附近后，主拖轮与港作拖轮配合进行浮式平台的转向工作。此时浮式平台的中心与设计机位中心点之间的距离应大于200m；

(2)3艘港作拖轮分别于3根立柱接拖。本项目使用的港作拖轮共有3艘，分别接拖3根立柱；

(3)通过3艘港作拖轮联动，将浮式平台移至2艘起重船中间位置。此时浮式平台与两艘起重船之间的距离分别为108m和70m；

(4)通过1号起重船的副钩吊装海工吊笼，将工作人员转移至浮式平台的甲板；

(5)位于浮式平台的工作人员，将安装于2-2号系缆桩和3-2号系缆桩的2-2号系泊缆绳和3-2号系泊缆绳的端头下放至水面，通过锚艇将2根系泊缆绳的端头转移至1号起重船，并固定于对应的系缆桩。浮体系缆柱编号如图8-1所示，系泊缆绳编号如图8-2所示；

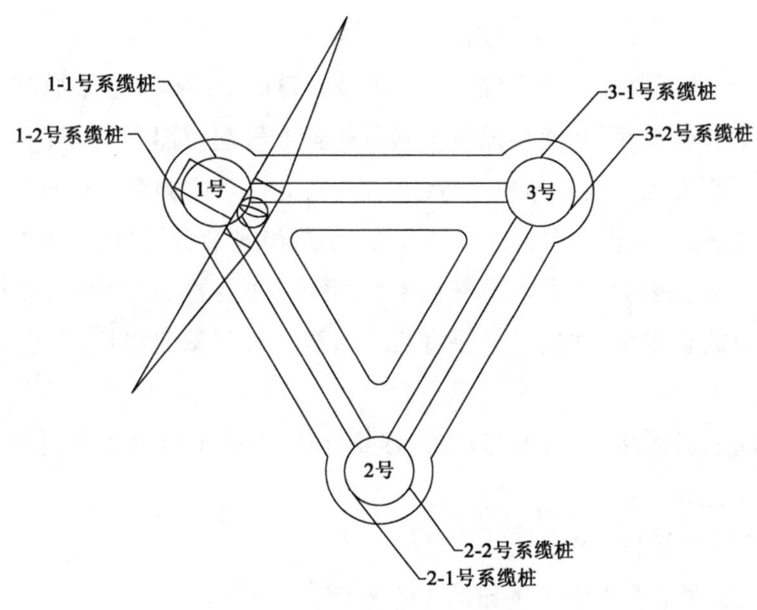

图8-1　浮式平台系缆桩编号

(6)工作人员先后将1-1号系缆桩和1-2号系缆桩上的1-1号系泊缆绳和1-2号系泊缆绳的端头，下放至水面，并将其固定于2号起重船对应的系缆桩上。1-1号系泊缆绳固定于2号起重船后，由“赤岗拖1”接拖，再进行1-2号系泊缆绳的带缆工作；

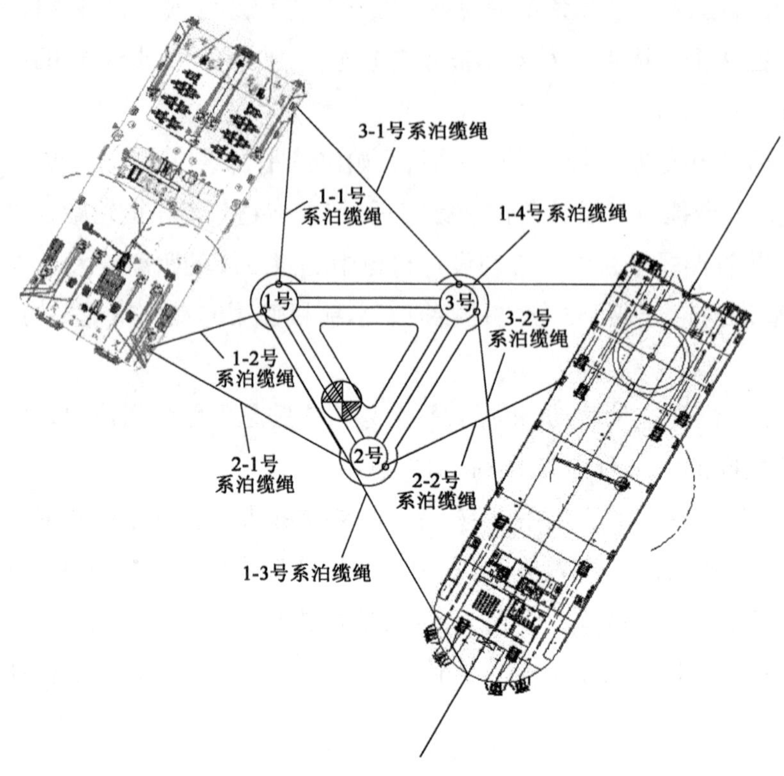

图 8-2　系泊缆绳编号

(7)工作人员先后将 1-1 号系缆桩和 1-2 号系缆桩上的 1-3 号系泊缆绳和 1-4 号系泊缆绳的端头下放至水面,并通过锚艇将其转移至 1 号起重船甲板,随后将其固定于对应的系缆桩。每当完成 1 根系泊缆绳带缆工作,其立柱对应的港作拖轮解拖;

(8)1 号起重船向浮式平台方向绞锚移船,至距浮式平台约 20m 的位置;

(9)工作人员先后将 2-1 号系缆桩和 3-2 号系缆桩上的 2-1 号系泊缆绳和 3-1 号系泊缆绳的端头下放至水面,并通过锚艇将其转移至 2 号起重船甲板,随后将其固定于对应的系缆桩;

(10)2 号起重船向浮式平台方向绞锚移船,至距浮式平台约 20m 的位置。

拖轮解拖工艺如下:

(1)拖轮改为船尾靠立柱;

(2)船员从船尾上拖曳眼板下放的工作平台;

(3)拆除连接拖曳眼板和辅拖轮主拖缆的卸扣;

(4)船员从工作平台撤离;

(5)船员操作拖缆机,将主拖缆绞收至拖轮甲板;

(6)使用船用起重机将拖曳平台吊至拖轮甲板。

2. 现场定位

现场定位措施如下：

(1)在浮式平台上安装2个高精度GPS,1个测量其方位,1个测量其方向；

(2)通过专业的测量软件对浮式平台进行建模,并将其方位、方向实时显示在主作业船电脑上,并提前标注设计位置；

(3)现场主指挥通过测量数据以及现场实际海况,指挥拖船对浮式平台位置进行调整；

(4)拖船对浮式平台进行粗定位并将缆绳带至起重船后,通过绞车绞收系泊缆绳,进行扶摇号的初步定位。

8.4 临时带缆停靠

在浮式平台临时带缆停靠期间,需要对浮式平台进行压载,使其达到设计吃水深度。以某漂浮式风机为工程背景,对上述施工过程进行说明。

本项目浮式平台拖航过程中吃水为8m,作业工况下浮式平台吃水为18m。根据计算获得压载总量为4088.8t,为保证压载过程中浮式平台的水平度,平均分为10次控制压载量,单次控制压载量为408.88t。单次控制压载量压载过程中,各压载舱的压载量以3‰的浮式平台水平度为控制目标开展计算。

本项目于完成浮式平台的进位带缆工作后进行压载,过程中所有工作人员均应配备高频对讲机,确保各压载舱室压载水量的精准度,以保证压载过程中浮式平台的水平度保持在1%以内。此外,压载过程中,位于2艘起重船上的工作人员应及时调整系泊缆绳的长度。

8.5 锚链回接过程

锚链回接主要包括锚链连接浮体、浮式平台移位、多余锚链回舱、浮式平台压载和锚链张力调整等步骤。

8.5.1 锚链连接浮体

锚链铺设完毕后,需要回接至浮式平台的连接位置,以保证浮式平台在海上作业期间的固定与安全。

8.5.2 浮式平台移位

在锚链回接过程中,需要对浮式平台的位置进行移位调整,以保证最终浮式平台处于设计点位。

8.5.3 多余锚链回舱

锚链在设计时需要包含 2 个部分,即工作段与调节段。工作段是锚固基础与浮式平台之间连接的主要组成,其余部分为调节段,需将其放入锚链舱中。多余锚链回舱工作常于浮式平台移位至设计坐标的过程中进行。

8.5.4 浮式平台压载

浮式平台在锚链回接过程中,进行了 3 次压载作业:第一次为锚链回接过程中调整浮式平台水平度偏差;第二次为锚链回接完成后的吃水调整;第三次为锚链张力调整完成后的吃水调整。

8.5.5 锚链张力调整

锚链回接并且浮式平台移位至设计点位后,锚链中的张力还需要进行调整,以达到允许范围之内。

8.5.6 案例应用

以某漂浮式风机为工程背景,对上述施工过程进行说明。

1. 锚链回接

本项目锚泊系统共配置 3 套锚泊系统,分别与浮式平台的 3 个立柱相对应。每套锚泊系统均包括 3 条四段式变链径无档组合锚链，组合形式为 ϕ208mm × 280m + ϕ122mm × 131m + ϕ122mm × 20m + ϕ122mm × 40m，共 471m；其中 ϕ122mm × 40m 最终需要绞收至锚链舱中。1 号立柱上预留 ϕ122mm × 60m 锚链，其余锚链于锚链铺设施工阶段铺设至海床面；2 号立柱和 3 号立柱的全部锚链，均于锚链铺设施工阶段铺设至海床面。

(1)1 号立柱为风机安装立柱，立柱上无锚机。锚链回接完成后，浮式平台移位难度增大，故最后连接 1 号立柱锚链。此外，考虑到施工场址水流流向为东北—西南流向，因此首先连接锚链敷设方向为水流方向的锚固基础，即 3 号立柱锚链。综上所述，锚链回接顺序为：3 号立柱—2 号立柱—1 号立柱。

每根立柱均需回接 3 条锚链，各立柱 3 条锚链对应的编号如图 8-3 所示。

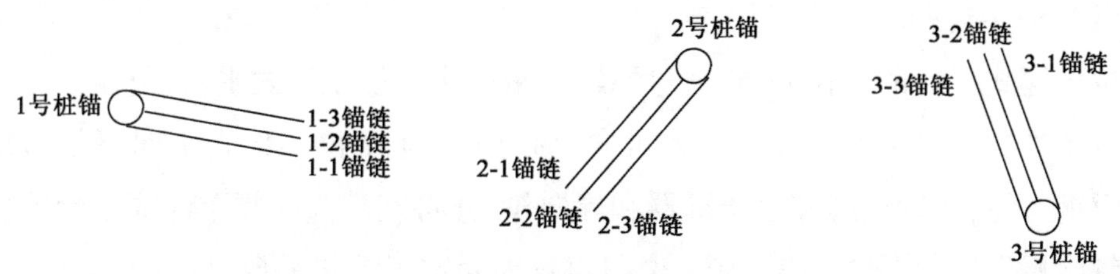

图 8-3　各立柱锚链编号

进行锚链铺设时，其铺设顺序为：2-1 号锚链 ~ 2-2 号锚链 ~ 2-3 号锚链 ~ 1-1 号锚链 ~ 1-2 号锚链 ~ 1-3 号锚链 ~ 3-1 号锚链 ~ 3-2 号锚链 ~ 3-3 号锚链；由于锚链铺设线形难以控制，各立柱 3 条锚链中后铺设的锚链可能铺设于先铺设锚链的上方，故进行锚链回接作业时，各立柱 3 条锚链的回接顺序应与铺设顺序相反，即：对于 1 号立柱，回接顺序为 1-3 号锚链 ~ 1-2 号锚链 ~ 1-1 号锚链；对于 2 号立柱，回接顺序为 2-3 号锚链 ~ 2-2 号锚链 ~ 2-1 号锚链；对于 3 号立柱，回接顺序为 3-3 号锚链 ~ 3-2 号锚链 ~ 3-1 号锚链。

(2)预先敷设锚链端头打捞。

预先敷设锚链端头打捞工艺如下：

①拖轮 4 号进位 3 号立柱附近；

②拖轮 4 号的船员将水下预敷设锚链所连接的浮标捞至甲板；

③拖轮 4 号的船员操作鲨鱼钳，将本次回接锚链对应的锚标缆固定于甲板，其余 2 根固定于系缆桩；

④将 ϕ54mm × 100m 锚标缆端头与拖轮 4 号的拖缆机连接；

⑤通过拖轮 4 号的拖缆机，将水下预敷设锚链的端头绞收至甲板并固定。

(3)钢丝绳端头转移。

完成风机安装后，在广港码头预先将 6 根 ϕ20mm × 50m 牵引钢丝绳分别穿过浮式

平台2号立柱和3号立柱的6个对应的止链器和导向轮,在其两端均固定于浮式平台。ϕ20mm×50m 牵引钢丝绳两端分别连接 ϕ72mm×60m 吊装钢丝绳和撇缆绳,用于 ϕ72mm×60m 吊装钢丝绳端头的转移。

ϕ20mm×50m 牵引钢丝绳安装工艺如下:

①将撇缆绳连接于 ϕ20mm×50m 牵引钢丝绳的一端环眼;

②位于浮式平台的工作人员,将撇缆头从止链器和导向轮穿过,并将其下放至水平面;

③位于浮式平台的另一位工作人员,将缆绳从止链器与导向轮的外部下放;

④通过护航拖轮将工作人员送至 ϕ20mm×50m 牵引钢丝绳安装位置,工作人员将缆绳与撇缆头连接;

⑤位于浮式平台的工作人员,通过缆绳将撇缆头打捞至浮式平台甲板;

⑥位于浮式平台上的1位工作人员向上拉撇缆绳,2位工作人员向下放 ϕ20mm×50m 牵引钢丝绳,将钢丝绳穿过止链器和导向轮,并将其端头回收至浮式平台甲板;

⑦解除撇缆绳,将 ϕ20mm×50m 牵引钢丝绳固定于浮式平台甲板;

⑧使用同样的方法完成6根 ϕ20mm×50m 牵引钢丝绳的安装工作。

钢丝绳端头转移的施工工艺如下:

①位于浮式平台的工作人员,将 ϕ20mm×50m 牵引钢丝绳的两端分别与撇缆绳和吊装钢丝绳连接;

②使用缆绳连接钢丝绳,并将其另一端固定于浮式平台;

③位于浮式平台的工作人员将撇缆头抛向拖轮4号甲板;

④位于拖轮4号的工作人员将撇缆头收起;

⑤位于浮式平台的工作人员和位于拖轮4号的工作人员相互配合,将 ϕ20mm×50m 牵引钢丝绳穿过止链器的端头,转移至拖轮4号甲板;

⑥位于拖轮4号的工作人员将 ϕ20mm×50m 牵引钢丝绳连接于杂货绞车;

⑦将起重船1号的副钩与未连接 ϕ20mm×50m 牵引钢丝绳的 ϕ72mm×60m 吊装钢丝绳的端头连接,并将 ϕ72mm×60m 吊装钢丝绳垂直吊起于止链器正上方;

⑧工作人员操作杂货绞车,将 ϕ72mm×60m 吊装钢丝绳的端头绞收至拖轮4号甲板;

⑨位于拖轮4号的工作人员操作鲨鱼钳,将其固定于拖轮4号甲板;

⑩解除 ϕ20mm×50m 牵引钢丝绳与 ϕ72mm×60m 吊装钢丝绳之间的连接;

⑪位于浮式平台的工作人员,通过预先连接于 ϕ20mm×50m 牵引钢丝绳端头的缆绳,将撇缆绳回收至浮式平台。

(4)锚链连接及吊装。

受止链器及其下部套筒的尺寸限制,普通弓形卸扣和D形卸扣尺寸过大,无法通过下部导向轮,不能满足吊装需求,故选用定制的肯特卸扣进行锚链吊装作业。

锚链连接及吊装施工工艺如下:

①通过拖轮4号的船用起重机,转移钢丝绳端头至锚链端头位置;

②通过 ϕ122mm 肯特卸扣,将 ϕ72mm×60m 吊装钢丝绳与锚链连接;

③放松拖缆机,使锚标缆不受力,通过 ϕ72mm×60m 吊装钢丝绳;随后拆除锚标缆与锚链之间的连接卸扣,将其更换为 Pelican Hook。Pelican Hook 的2个吊点分别连接拖缆机和杂货绞车,进行脱钩作业时,操作杂货绞车使 Pelican Hook 脱离锚链,再将其打捞至甲板;

④工作人员操作绞车将锚标缆拉紧;

⑤提升起重船1号副钩,同时位于拖轮4号的工作人员根据起重船1号副钩的提升速度,操作拖缆机放出锚标缆,使锚链缓慢离开甲板;

⑥继续提升起重船1号副钩,直至锚标缆与锚链连接点位于水面以上3m位置。在此过程中,位于拖轮4号的工作人员根据锚标缆受力情况操作拖缆机;

⑦待锚标缆放松,位于拖轮4号的工作人员操作杂货绞车,解除 Pelican Hook 和锚链之间的连接;

⑧继续提升起重船1号的副钩;

⑨将第6节锚链拉至止链器上方后,停止提升起重船1号的副钩;

⑩浮式平台上的工作人员操作止链器固定锚链,并在起重船1号的配合下,将上部6节锚链放置于锚机中;

⑪根据本方案所采用的船舶方位布置,提升3号立柱的锚链过止链器时,最大竖直提升力为22.99t;提升2号立柱的锚链过止链器时,最大竖直提升力为24.06t。

进行锚链吊装时应注意以下几点:

①锚链脱离拖轮4号甲板之前,应时刻观察锚标缆受力情况,保证其始终处于受力状态;

②锚链端头进入止链器时,应选择合适的时机,避免锚链与止链器之间产生干涉;

③锚链吊装过程中,若出现副钩负荷急剧增加的情况,应立刻停止提升副钩,检查清楚情况后再继续作业。

(5)1号立柱锚链回接。

①通过定滑轮和转向缆桩,将起重船2号移船绞车的钢丝绳转向;

②连接起重船2号右舷的移船绞车的缆绳和锚标缆；

③工作人员操作移船绞车，将水下预先敷设的锚链绞收至起重船2号甲板；

④通过撇缆绳将位于起重船2号左舷的移船绞车的缆绳端头转移至浮式平台甲板；

⑤位于浮式平台的工作人员使用卸扣，将缆绳端头与固定于浮式平台的锚链端头连接；

⑥通过移船绞车将预留锚链端头绞收至起重船2号的甲板，使用预先转移至起重船2号的卷扬机，通过门架式转向工装进行转向后，连接预留锚链的端头，使用移船绞车绞收锚链时，通过卷扬机将锚链缓慢下放；

⑦通过起重船2号的船用起重机，配合工作人员使用连接卸扣，将预先敷设锚链的端环和预留锚链的端环连接；

⑧操作位于起重船2号右舷的移船绞车，使锚标缆放松；

⑨将锚标缆和锚链之间的卸扣更换为Pelican Hook，连接锚标缆和锚链；

⑩解除位于起重船2号左舷的移船绞车和锚链的连接；

⑪工作人员操作位于起重船2号右舷的移船绞车，将锚链缓慢下放，待锚标缆放松，解除Pelican Hook和锚链的连接。

2. 浮式平台移位

完成上一根立柱所有锚链的回接工作后，浮式平台上的工作人员撤离至起重船1号，定位船开始绞锚移船至下一根立柱锚链回接的设计位置；移位完成后，拖轮与锚艇将起重船1号的锚移至设计锚位。本项目浮式平台需移位3次，分别为：3号立柱锚链回接浮式平台位置~2号立柱锚链回接浮式平台位置，浮式平台中心移动距离约为20m，2号立柱锚链回接浮式平台位置~1号立柱锚链回接浮式平台位置，浮式平台中心移动距离约为81.5m；1号立柱锚链回接浮式平台中心坐标~浮式平台设计中心位置，浮式平台中心移动距离约为69m。

本项目浮式平台移位工作，由起重船2号和起重船1号绞锚移船，且通过8根系泊缆绳对浮式平台施加拉力进行。定位船退场后，通过工作人员操作2号立柱和3号立柱上的锚机绞收锚链，进行浮式平台的移位工作。

在浮式平台移位过程中应注意以下几点：

①安排专人时刻关注浮式平台，确保其处于安全状态；

②通过安装于浮式平台上的测量设备，实时监测浮式平台的倾斜度和运动，并将其反馈至主作业船的电脑；

③若产生浮式平台移位困难,可使用拖轮4号辅助其移位;

④移船过程中,所有工作人员远离浮式平台系泊缆绳;

⑤移船过程中,应时刻关注工作船舶的锚缆与锚链之间是否产生干涉。若产生干涉,可通过调整工作船舶的锚位消除。

3. 浮式平台压载

浮式平台压载工艺如下:

1)浮式平台水平度调整

锚链回接过程中,每条锚链连接完成后,其自重施加在浮式平台对应的立柱上,会对各立柱吃水造成影响。为保证施工安全,必须确保施工过程中各立柱吃水差不得超过设计要求的范围。

2)锚链回接完成后压载(未调整锚链张力)

完成所有锚链的回接工作后,需要将浮式平台吃水进一步调整至设计要求的范围内。

3)锚链张力调整完成后

本项目要求每条锚链的张力调整设计数值,此时各锚链对浮式平台均施加一定的力,使浮式平台吃水发生变化。此时,需进行调载作业,将浮式平台吃水调整至设计要求的范围内。

4. 多余锚链回舱

多余锚链回舱施工工序如下:

①位于锚链舱内的工作人员使用焊机,焊接手拉葫芦工作所需的吊耳;

②首先进行1号立柱多余锚链回舱工作;

③通过设置于1号立柱的门架式转向工装,将安装于起重船2号的绞车缆绳方向转向,用于将1号立柱多余锚链拉至浮式平台甲板;

④每次将3节1号立柱多余锚链拉至止链器上方后,工作人员操作止链器固定锚链;

⑤工作人员通过10t手拉葫芦,将锚链向甲板平台移动;

⑥工作人员通过使用撬棍和多个10t手拉葫芦,将多余锚链端头位置5m锚链转移至锚链舱中;

⑦锚链舱内的工作人员通过多个10t手拉葫芦之间的配合,将锚链端头与锚链舱内的吊耳,通过末端卸扣连接;

⑧完成连接后,工作人员撤离锚链舱,通过工作人员操作设置于1号立柱上的船用

起重机，配合其余工作人员将多余锚链均放入锚链舱；

⑨使用相同的办法，将1号立柱其他2条锚链的多余锚链回收至锚链舱，完成1号立柱多余锚链的回舱工作；

⑩2号立柱、3号立柱的多余锚链通过工作人员操作锚机，完成回舱工作。由于浮式平台上的液压泵站只能供1台锚机工作所需，故需分段绞收；

⑪首先操作各锚机绞收各锚机上的5m多余锚链，并将其放入锚链舱中；

⑫再由锚链舱内的工作人员，将6条多余锚链的端头与对应的吊耳连接；

⑬完成连接后，工作人员离开锚链舱，继续分阶段绞收锚链，将全部多余锚链绞收至锚链舱，完成2号立柱、3号立柱多余锚链的回舱工作。

5. 锚链张力调整

根据建设单位提供的资料，锚机可通过测量顶升油缸压力和止链器闸刀销轴传感器，监控测量锚链张力并通过数字显示。因此可通过锚机以及止链器给出的数据，进行锚链张力的调整。

①通过起重船2号的移船绞车和门架式转向工装调整锚链长度，进行1号立柱锚链张力调整；

②通过操作锚机收放锚链2号立柱、3号立柱，进行锚链张力的调整；

③首先进行2号立柱和3号立柱的锚链张力调整，将其数值调整至接近设计锚链张力数值；

④若2号立柱和3号立柱锚链张力调整完成后，1号立柱锚链张力大于设计锚链张力，则应适当增大2号立柱和3号立柱的锚链张力，随后再放出1号立柱的锚链；

⑤若2号立柱和3号立柱锚链张力调整完成后，1号立柱锚链张力小于设计锚链张力，则应适当减小2号立柱和3号立柱的锚链张力，随后再收回1号立柱的锚链；

⑥不断进行锚链张力的调整，使所有锚链张力数值均位于允许范围之内。

CHAPTER 9 第九章

展望

9.1 发展规模

大力发展海上风电是我国落实“双碳”目标、提升清洁能源比例的重要举措。“十四五”是我国海上风电发展的关键机遇期，也面临从补贴到无补贴、从近海到远海、从样机走向商业应用大跨越发展等多方面挑战。相对于近海，深远海域具有风资源条件更优、开发潜力巨大、限制性因素少等优势。我国深远海域可开发面积约 67 万 km^2，风电资源技术开发量约 2000GW，接近浅海资源量的 4 倍，因此海上风电布局从近海向深远海转变，是产业发展的必然趋势，发展深远海海上风电也将是实现“双碳”目标，保证东南沿海负荷中心能源安全的重要支撑和有效途径。

中国国家能源局公布数据显示，到 2021 年底，中国全国风电累计装机 328GW，其中陆上风电累计装机 302GW，海上风电累计装机 26.39GW。2021 年中国海上风电异军突起，全年新增装机 16.9 GW，是此前累计建成总规模的 1.8 倍，累计装机规模跃居世界第一，呈快速发展态势。在我国近海风电规模迅速发展的同时，全球的深远海浮式风机也在不断发展，截至 2021 年年底，全球漂浮式风机数量为 27 台。预计到 2022 年，全球累计共有 202.55mw 漂浮式风电项目投运。乐观估计，到 2030 年有可能达到 1500 台。同时，风机容量也会越来越大。目前主流是 6MW、8MW，未来能达到 10MW 乃至 12MW。根据全球风能理事会预测，2030 年全球漂浮式海上风电累计装机也将达到 16.5GW，从 2026 年开始，漂浮式海上风电将进入新增装机达到 GW 级商业化阶段。

海上漂浮式风机的潜在市场以欧洲、美国、亚洲沿海国家为主。欧洲市场不仅具有装机容量最大的固定式海上风电市场，同时也是浮式风电的主要研发、测试和商业开发地区。截至 2019 年底，欧洲漂浮式风电装机容量占全球 70%，达 45MW，主要国家有英国、葡萄牙、西班牙、德国、法国和挪威等。预计在未来三年，欧洲浮式风电装机容量将加速增长，预计投运规模可达 274MW。美国的风电市场以陆上风电场为主，但是美国相关高校和研究机构在浮式风电技术方面同样处于领先地位，潜在运用市场以美国西海岸为主。我国目前也在开展浮式风机样机项目，由于我国大陆架变化较缓，以中浅海域为主，因此对于过渡水深范围(40～60m)的浮式风电技术更为迫切。

我国目前建成投产的漂浮式海上风电项目，仅有“三峡引领号”和中国海装“扶摇号”，国家能源集团福建南日岛项目及中海油文昌漂浮式海上风电示范项目仍在有序推进。我国漂浮式海上风电发展仍处于样机示范阶段，且示范样机安装水深较浅、型式单一,产业链、供应链发展尚不成熟,产业集群效应未能形成。当前漂浮式海上风电仍呈现技术难度大、建设成本高、开发经验少的特点,“三峡引领号”和中国海装“扶摇号”造价均超过3亿元,距离商业化大规模开发仍有较大差距。但《十四五可再生能源发展规划》也明确提出,要推进漂浮式风电基础机组等技术创新与示范应用,力争“十四五”期间开工建设我国首个商业化漂浮式海上风电项目,为我国漂浮式海上风电发展提出了明确的目标和方向。海南万宁1GW漂浮式海上风电将是世界上第一个商业化项目,实现我国从样机示范阶段直接到商业化运营阶段的跨越式发展。

9.2 发展方向

为了加速实现漂浮式风机的商业化,针对其在实际工程中存在的问题,目前有以下的发展方向可以进行研究。

1. 风机大型化

为降低度电成本,节约基础、系泊、电缆等投资成本,节约后期运维费用,降低输电成本和调度成本,提高电力可靠性,风机大型化是未来发展趋势之一。加大机组容量是降低度电成本的关键因素,大容量机组对应大叶轮直径和更高的塔高,可以有效提高容量系数,从而提高风场的年发电量。机组大型化后,同样容量的风场会减少基础、系泊、海缆等用量,从而降低造价。当单机机组容量提高后,风机台数会相应变少,从而可以节约运营和维护成本。

2. 高精度、全耦合仿真与优化

漂浮式风机系统的集成和耦合仿真是关键技术问题。为提高漂浮式海上风电商业项目的安全性及经济性,高精度、全耦合的漂浮式海上风电一体化仿真与设计优化,是需要努力实现的发展方向。解耦分析方法在设计初期阶段能够基本满足精度需求,但计算结果相较于全耦合分析精度较低,且对于非线性响应的预报仍存在不确定性,导致工程投资增加。随着漂浮式海上风电朝着大型化方向发展,复杂的风浪流工作环境带来更多非线性因素,更需要开展以下工作:进一步发展耦合动力学仿真、非线性动力学仿真以及动力学控制研究;开发计算精度优、效率高、稳定性好的仿真方法和计算模型,搭建适合工程实际使用的开发平台;提高项目效率,优化、简化相关设计流程,并针对漂浮式海上风电研究制定浮式基础设计规范,制定评估准则,提升漂浮式风电基础设计优化空间。

3. 风机智能化

“智慧海洋”是近年来我国提出的新概念，海洋装备的智能化则是我国海洋工程领域课题研究的重要方向。漂浮式海上风电机组处于深远海域，海洋环境复杂，运维窗口期时间短、难度大、成本高，机组故障提前预判及预防性维护意义重大。实时监控机组运行状态的智能监测系统、故障预警系统、智能诊断分析技术及远程维护技术成为重要需求，基于监测系统、大数据、人工智能、无人机、智慧机器人等数字化技术，研发推广在线监测、状态检测、智能运维等数字化、智能化技术，有针对性地开发安全系数高、效率优的检修装备，也是未来的发展趋势。智能化监测系统可以对浮式风机的发电效率进行实时监控，同时可以分析该区域海况的风能特征。装配智能化感应设备，在风机承受荷载较大、运动响应剧烈并且锚泊荷载较大时可以进行预警，保障风机工作的安全。研制智能化动力系统，在风机受外界作用强烈、结构位移较大、锚泊系统受力较大时，可以为风机提供反向动力，使风机回到平衡位置，降低锚泊系统受力，提高安全性。

4. 综合利用

综合利用是降低漂浮式海上风电开发成本、提升项目整体综合效益的又一途径。通过推动海上风电与海洋牧场、海上油气、海水淡化、制氢、储能等多种资源的综合利用和融合发展，提升资源利用效率；考虑风、光、浪、潮流等环境因素，推动海上“能源岛”重大示范工程，研发深远海漂浮式风、光、潮综合利用，提高浮式平台的利用效率，有助于进一步优化浮式发电场的布置，提高发电场的输出功率，降低发电场的成本，提高投资回报率。

5. 基础新形式、新材料、新工艺应用

浮式基础的建设成本是整个漂浮式风电机组成本的重要组成部分，其中材料费用是影响成本的主要因素。目前半潜式浮式平台大多采用钢结构，国内漂浮式海上风电样机平台平均成本约为6000万元，远高于欧洲同类型平台，存在较大的成本节约空间。在保证安全性及稳定性的情况下，通过采用主动压载、双机头、无塔筒等技术，优化漂浮式基础结构型式，以及采用垂直轴风机等方法降低用钢量，是浮式基础降本的主要方向之一。此外，使用价格较为低廉的混凝土等材料，同样有助于降低浮式平台成本。

6. 结合海域特点，开展区域特色研究

针对不同海域的不同水文特点，可以对浮式风机的荷载、运动响应以及锚泊系统荷载等问题开展研究。以浮式风机工作稳性和安全性为前提，研究各个海域海况，如常年的风力、海流流速以及波浪强度等特点，并对不同海域自然特征下浮式风机的动力特性开展研究，寻找适合开展浮式风机建设的海域。

9.3 施工技术问题与挑战

漂浮式海上风电施工占总投资较大比例,应统筹特定项目施工资源,以达到总体施工成本最优。浮式基础以钢质材料为主,能够在港口码头完成基础平台、塔筒和风机的组装工作,不用通过大型浮吊等设备,进行复杂的海上安装作业。特别是当机位点距离基础建造码头较近时,可以考虑建造码头吊装风机后整体拖航。随着漂浮式风电场址逐渐向深远海及机组向大型化发展,港口侧的安装、拖曳及维修面临着较大的经济及技术挑战。半潜型浮式风机对运输工具的要求较低,通常简单的拖船即能将其运输到预定机位点进行海上锚定。运输的过程常采用湿拖的方式,并且为浅吃水状态,因此拖航过程需要预先进行稳性校核以防倾覆,并对拖航时的海况有窗口期要求。对于立柱型浮式风机,由于吃水较深,拖航过程需要特别考虑航道水深。对于张力腿型浮式风机,由于不具有自稳性,因此多采用干拖方式,对运输船只的稳性要求较高,海上施工安装也较为复杂。

大型施工船只的起重能力、起重高度及范围,对漂浮式海上风电安装和运维至关重要。起重高度在一定程度上制约了机组大型化的发展。若采用 15MW 及以上风电机组,现有国内装备不能完成海上施工任务,需要进一步开展重型起重作业船舶或替代技术的研究,如具备自升式、超高四桩腿、更大起重能力的绕桩式起重机和动力定位系统的新一代海上风电施工船或爬升式起重机技术等。其中爬升式起重机可以使用风机塔架作为支撑点,风机部件的提升高度大于传统起重机的提升高度,经济性能更加优越。

海上现场安装涉及动态船只与动态浮体之间的相互作业,加上浮动升降机的复杂性,将给漂浮式海上风力机的相关安装和运维带来挑战,因此需要进一步开发先进的安装及运维技术,如浮式基础-安装船靠泊耦合模型、六自由度运动补偿系统、导向系统的辅助部件等。

● 本章参考文献

[1] 陈嘉豪,裴爱国,马兆荣,等. 海上漂浮式风机关键技术研究进展[J]. 南方能源建设,2020,7(1):8-20.

[2] 白旭. 海上浮式风机的发展前景和关键问题[J]. 船舶工程,2022,44(2):14-17.

[3] 袁剑平,毛鸿飞,潘新祥,等. 海上浮式风机研究现状展望——基于南海海域[J]. 广东海洋大学学报,2020,40(5):133-138.

[4] 王富强,郝军刚,李帅,等. 漂浮式海上风电关键技术与发展趋势[J]. 水力发电,2022(10):1-5.

[5] 李泽宇,王世明. 海洋风电安装船技术现状与发展动态[J]. 中国海洋平台,2021,36(5):51-58.